W0257508

Die Quarzlampe

Die Quarzlampe

ihre Entwicklung und ihr heutiger Stand

Von

Dr. J. C. Pole

Wien

vorm. Chefingenieur der Cooper Hewitt Electric Co., Hoboken U. S. A.

Mit 47 Textabbildungen

Berlin

Verlag von Julius Springer

1914

ISBN-13:978-3-642-90255-0   e-ISBN-13:978-3-642-92112-4
DOI: 10.1007/978-3-642-92112-4

Vorwort.

Bei der zunehmenden Verbreitung und den vielen Eigentümlichkeiten der Quarzlampe hat sich das Bedürfnis nach einer systematischen Zusammenstellung ihrer Eigenschaften und einer übersichtlichen Beschreibung ihrer konstruktiven Einzelheiten geltend gemacht. Zur Füllung dieser Lücke soll die vorliegende Schrift beitragen und den, der praktisch mit der Lampe zu tun hat oder an ihrer Weiterentwicklung arbeiten will, unterstützen.

Die Quarzlampe ist jetzt sozusagen aus ihren Kinderjahren ins Jünglingsalter, wo die Entwicklung am Auffallendsten zu sein pflegt, getreten. Bei der Fortbildung der Lampe treten zunächst zwei Probleme hervor: Erstens die Vereinfachung des Quarzbrenners, der der kostspieligste und der einzige merklicher Abnützung unterworfene Teil der Lampe ist; zweitens die Schaffung einer billigen Wechselstromlampe. Die Lösung der ersten Aufgabe ist bereits durch die Einführung von festen Anoden und direkt eingeschmolzenen Zuleitdrähten an Stelle der „Invarstifte" in Sehweite gerückt. Hinsichtlich des zweiten Problems aber glaube ich, daß man sich mit dem Festhalten an der von der Cooper Hewitt-Lampe her übernommenen Gleichrichterschaltung auf falschem Wege befindet; aussichtsvoller scheint es mir, durch Erhöhung der den Elektroden aufgedrückten Spannung und Erleichterung der „Rückzündung" auf einen Wechselstrombrenner mit nur zwei Elektroden hinzuarbeiten.

Bei der Zusammenstellung des Stoffes bin ich durch Übersendung von Material von den meisten einschlägigen Firmen, hauptsächlich aber von der Quarzlampen-Gesellschaft m. b. H. in Hanau, in liebenswürdiger Weise unterstützt worden. Außerdem haben die Herren Prof. Dr. Wilh. Hampel in Reichenberg und Ing. Leop. Busse, Direktor der Quarzlampen-Gesellschaft, sich der Mühe unterzogen, die ganze zweite Korrektur zu lesen und manche wertvolle Verbesserung darin gemacht. Allen diesen Herren und Firmen meinen herzlichsten Dank und dem Büchlein Glück auf den Weg!

Wien, im Februar 1914.

Der Verfasser.

Inhaltsverzeichnis.

	Seite
I. Einleitung	1
II. Einige theoretische Grundlagen der Quarzlampe.	
Die Wirtschaftlichkeit als Funktion des Dampfdruckes	6
Dampfdruck und Dampftemperatur	8
Änderung des Spektrums mit dem Dampfdruck	10
Lichtabsorption in der Dampfschichte	13
Gründe der Abhängigkeit der Wirtschaftlichkeit vom Dampfdruck	15
Quarz-Amalgamlampen	18
III. Einige technische Grundlagen der Quarzlampe.	
Günstigster Dampfdruck	22
Niveauregulierung der Quecksilberelektroden	26
Quarzbrenner mit fester Anode	28
Die Einbrennperiode	30
Einfluß von Schwankungen der Linienspannung	33
IV. Die Gleichstrom-Quarzlampe für Beleuchtungszwecke.	
Stromzuführungsstellen der Brenner	36
Kühlung der Elektroden	40
Schutz gegen Quecksilberschlag	41
Automatische Zündung	41
110 V.-3,8 A.-Lampe der C. H. E. Co.	42
500 V.-1,5 A.-Lampe der W. C. H. Co.	45
220 V.-1,5 A.-Metalfalampe der Q. L. G.	47
110 V.-4 A.-Lampe der Q. L. G.	48
500 V.-2 A.-Lampe der C. H. E. Co.	53
„Quartzlite"-Lampe der B. E. E. Co.	53
Quarzlampe von Weintraub	54
Säurefeste Lampe der Q. L. G.	56
„Saturnlampe" der Q. L. G.	57
V. Die Quarzlampe für Wechselstrom.	
Prinzip der Wechselstrom-Quarzlampe	58
Wechselstrombrenner der Q. L. G.	61
Mechanismus der Wechselstromlampe der Q. L. G.	62
Lampe von Darmois u. Leblanc	65

Seite

VI. Die ultraviolette Strahlung der Quarzlampe.

    Intentität der ultravioletten Strahlung 67

    Chemische und physiologische Wirkungen des ultravioletten Lichtes   72

VII. Quarzlampen für ultraviolettes Licht in der Praxis.

    Medizinische Quarzlampen 74

    Sterilisierung von Wasser 76

    Sterilisierapparate von Henri-v. Recklinghausen-Helbronner 77

    Sterilisierapparate von Nogier-Triquet 80

Abkürzungs-Verzeichnis

der hier gebrauchten, weniger üblichen Firmennamen.

B. E. E. Co.   = Brush Electrical Engineering Company Lt. (Loughborough, England).

C. H. E. Co.   = Cooper Hewitt Electric Company (Hoboken, N. J., U. S. A.).

G. E. Co.   = General Electric Company (Schenectady, N. Y., U. S. A.).

Q. L. G.   = Quarzlampen-Gesellschaft m. b. H. (Hanau).

S. L. St. E.   = Société Lacarrière pour la Stérilisation des Eaux (Paris).

W. C. H. Co. = Westinghouse Cooper Hewitt Company Ltd. (London).

I. Einleitung.

Die Quarzlampe, im weitesten Sinne des Wortes, ist eine Vakuum-Bogenlampe, deren Vakuumrohr ganz oder in dem leuchtenden Teil aus durchsichtigem Quarzglas hergestellt ist. Gegenwärtig wenden wir den Namen aber nur auf Quecksilberlampen, die unter hoher Dampfspannung arbeiten, an, obzwar es nicht ausgeschlossen und sogar wahrscheinlich ist, daß später das Quecksilber durch Amalgam oder ein anderes Metall ersetzt werden wird.

Die Quecksilber-Dampflampen aus gewöhnlichem Glas, welche von Leo Arons im Jahre 1896 erfunden, durch die genialen Arbeiten Peter Cooper Hewitts praktisch brauchbar gemacht worden waren und 1902 auf dem Markte erschienen, sind wohl bekannt. Eine Bauart dieser Lampengattung ist beispielsweise in Abb. 1 dargestellt. Der wesentliche Teil der Lampe, das Vakuumrohr, besteht aus einer, je nach der Spannung in der Regel 40 bis 125 cm (bei der abgebildeten Lampe 53 cm) langen Leuchtröhre aus Bleiglas, an deren einem Ende eine glockenförmige positive Eisenelektrode angebracht ist, während das den negativen Pol bildende Quecksilber am entgegengesetzten Rohrende in einer Ausbauchung, der sog. Kühlkammer, enthalten ist. Beide Elektroden erhalten ihren Strom durch eingeschmolzene Platindrähte. Das sonstige Zubehör der Lampe, das entweder getrennt montiert, oder, wie in der Abb. 1, mit der Vakuumröhre vereinigt werden kann, enthält einen Vorschaltwiderstand, eine Selbstinduktion und zweckmäßigerweise eine selbsttätige Zündvorrichtung.

Die große Länge der Leuchtröhre dieser Lampe ist, wie wir später sehen werden, durch den geringen Dampfdruck bedingt. Hewitt, dem dieses aus seinen zahlreichen Untersuchungen wohl bekannt war, scheint den richtigen Weg zur Weiterentwicklung der Quecksilberlampe verfolgt zu haben, denn unter seinen alten Versuchslampen finden sich welche, die aus schwer schmelzbarem Glas hergestellt sind und bei denen die Dampftemperatur so hoch getrieben war, daß das Glas erweichte. Auch bei Bastian lassen sich gewisse Ansätze in dieser Richtung verfolgen, die indessen wegen der Qualität des angewandten Glases zu nichts führen konnten.

Da brachte zu Ende des Jahres 1904 W. C. Heraeus eine von
Richard Küch hergestellte Quecksilberlampe aus Quarzglas in die
Öffentlichkeit. Sie erregte wohl in der wissenschaftlichen Welt,
vorwiegend bei Physikern und Ärzten berechtigtes Aufsehen; aber
kaum jemand, den Urheber vielleicht mit eingeschlossen, würde damals gedacht haben, daß die junge Erfindung binnen wenigen Jahren
zu einer vollkommen marktfähigen Lampe ausgereift und mit den
besten, durch mühsame Arbeit von mehr als drei Jahrzehnten ent-
wickelten elektrischen Bogenlampen in Wettbewerb treten, ja eine
neue Ära der elektrischen Beleuchtung ankündigen und der Industrie

Abb. 1.   Automatische Quecksilberlampe der Cooper Hewitt Electric Co.
(Type „H", Klemmenspannung 55 Volt, Stromstärke 3,5 Amp.).

ganz neue Bahnen erschließen werde. Daß damit von der Zukunft
der Quarzlampe nicht mehr als billig gesagt ist, beweist der Umstand,
daß der Vertrieb der Lampe schon vor fünf Jahren von den drei größten
einschlägigen Gesellschaften Deutschlands aufgenommen wurde und
daß, obzwar die Quarzlampe weit teurer wie eine Bogenlampe gleicher
Kerzenstärke ist, in Deutschland allein bis zum 1. Juni 1913 über 50000
Brenner verkauft waren; daß, obzwar bis vor vier Jahren ein einziges
und zwar deutsches Unternehmen Quarzlampen herstellte, ihre Fabrikation heute auch in England, Frankreich, Österreich und in den Ver-
einigten Staaten und zwar von den größten einschlägigen Firmen aufgenommen ist; daß endlich die jetzt schon praktisch verwertete Aus-

nutzung der ultravioletten Strahlung der Quarzlampe zur Sterilisierung von Wasser und Milch, zum Bleichen, für Heilzwecke, zur Beschleunigung von chemischen Prozessen usw. uns Anwendungsgebiete von heute noch kaum übersehbarer Ausdehnung erschließt.

Die ersten Quarzlampen von Küch und Heraeus waren im Wesen gewöhnliche Quecksilberdampflampen, deren Vakuumröhre aus Quarzglas hergestellt war. Die leitende Idee dabei war, eine Lampe für ultraviolette Strahlung zu schaffen. Das Spektrum des Quecksilber-Lichtbogens weist bekanntlich in seinem unsichtbaren Teil eine sehr intensive kurzwellige Strahlung auf, und Quarz ist dafür, im Gegensatz zum gewöhnlichen Glas, in hohem Grade durchlässig. Die Lampe war nur für wissenschaftliche und medizinische Zwecke bestimmt und konnte auch nur das sein, denn, von ihrer ultravioletten Strahlung abgesehen, unterschied sie sich von gewöhnlichen Quecksilberlampen, wie solche von Cooper Hewitt damals schon in ziemlich vollkommener Form in Amerika vielfach in Verwendung waren, nur dadurch, daß sie unwirtschaftlicher und viel kostspieliger war. Die mangelhafte Wirtschaftlichkeit rührte, wie später dargelegt wird, von dem geringen Spannungsabfall in der Lichtsäule her.

Erst nach mehr als einem Jahr (1905) machten Küch und Retschinsky die überraschende Entdeckung, daß der spezifische Wattverbrauch und die Lichtfarbe des Quecksilberlichtbogens durch hohe Steigerung des Quecksilberdampfdruckes derart verbessert werden können, daß der Quarzlampe auch für Beleuchtungszwecke ein fruchtbares Feld eröffnet wurde. Forschungen von Kromayer, Nagelschmidt, Henri, v. Recklinghausen, Nogier, Courmont und vielen anderen lenkten nun in den letzten Jahren die Aufmerksamkeit wieder auf die kurzwellige Strahlung der Quarzlampe und deren praktische Verwendungsmöglichkeiten, so daß gegenwärtig schwer zu sagen ist, ob die größere technische Bedeutung der Lampe in ihrer sichtbaren oder ultravioletten Strahlung liegt; sicher ist, daß ihr nach beiden Seiten hin schon in der nächsten Zukunft ein hervorragenderer Platz in der Industrie bestimmt sein wird.

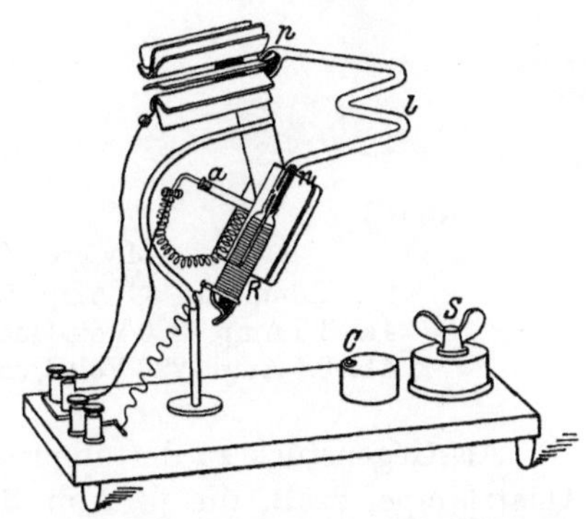

Abb. 2. Eine Bauart der ursprünglichen Quarzlampe von Küch und Heraeus.

Abb. 2 zeigt eine Ausführungsform der ursprünglichen Quarzlampe. l war ein etwa 5 mm weites, W-förmig gewundenes und evakuiertes Leuchtrohr, das nach oben in einem zylindrischen, die

positive Elektrode bildenden Quecksilberbehälter p endigte, an dem
unteren Ende war ein zweites zylindrisches Polgefäß n für die
Kathode angesetzt und von einer Heizspirale R umgeben. Beim
Schließen des Linienschalters S wurde zunächst ein Strom durch
die Heizspirale geschickt und dadurch das Quecksilber in n so erhitzt,
daß es in das Rohr l aufsteigend endlich mit der oberen Elektrode in
Verbindung kam. In diesem Augenblicke wurde der Strom in R
durch einen elektromagnetischen Schalter C unterbrochen, worauf das
kathodische Quecksilber wieder zurückzuweichen begann und beim
Abreißen den Lichtbogen zwischen p—n zündete.

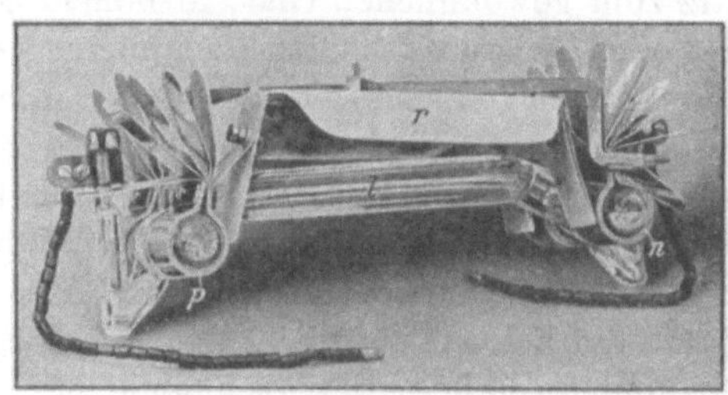

Abb. 4a.

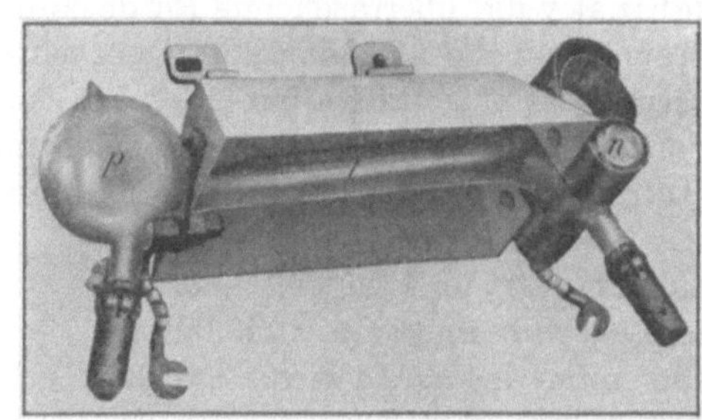

Abb. 3.   Abb. 4b.

Moderne Quarzlampen.

3.   Komplette 3,5 Amp.-220 Volt-Lampe der Q. L. G.

4a. 3,5 Amp.-220 Volt-Quarzbrenner der Q. L. G.

4b. 3,5 Amp.-220 Volt-Quarzbrenner der C. H. E. Co.

Als Gegenstück zu der ursprünglichen betrachte man eine moderne
Quarzlampe, z. B. die in Abb. 3 u. 4 abgebildete. Der kompendiöse
Quarzbrenner (Abb. 4a) mit den beiden Polgefäßen p, n und dem
wenige Zentimeter langen Leuchtrohr l ist, von einem Reflektor
überdeckt, in einem Halter befestigt und an diesem in dem Unterteil des Gehäuses (Abb. 3), das den übrigen Lampenapparat birgt,
begrenzt drehbar montiert. In dem oberen Gehäuse befindet sich
ein Elektromagnet, der beim Schließen des Linienschalters das

Quecksilber in den beiden Elektroden durch Kippen des Brenners vorübergehend in Berührung bringt und so die Lampe automatisch zündet. Ferner faßt das Gehäuse die nötigen Vorschaltwiderstände und eine Selbstinduktionsspule. Der Brenner ist von einer abnehmbaren Glasglocke umgeben, welche eine zu große Abkühlung des Brenners verhütet und die dem Auge schädlichen ultravioletten Strahlen absorbiert. Die Lampe macht von außen den Eindruck einer gewöhnlichen Bogenlampe, ist handlich, sehr ökonomisch und bedarf, wenn einmal montiert und einreguliert, für Tausende von Brennstunden keinerlei Wartung. Unter ihren Schattenseiten muß die nicht angenehme Lichtfärbung und die Kostspieligkeit der Brenner erwähnt werden; indessen lassen neueste Versuche hoffen, daß auch diese Nachteile in absehbarer Zeit behoben sein werden; denn eine bessere Lichtfarbe läßt sich von der Anwendung gewisser Amalgame an Stelle des reinen Quecksilbers erhoffen, während die mit zunehmendem Bedarf sich verbilligende Quarzglasfabrikation und verschiedene mögliche Vereinfachungen in der Bauart der Brenner auch die Anschaffungskosten der Lampe wesentlich erniedrigen werden.

Eine der Hauptschwierigkeiten bei der Quarzlampe boten luftdichte Stromeinführungsstellen an den Elektroden des Vakuumgefäßes. In Quarz kann man nicht wie in Glas ohne weiteres Platindrähte einschmelzen; denn die Einschmelzstelle würde infolge der verschiedenen Ausdehnungskoeffizienten von Quarz und Platin springen. Ein Metall, das einen annähernd so geringen Ausdehnungskoeffizienten wie Quarzglas hat und das sich in der Flamme nicht oxydiert, ist bis jetzt unbekannt.

Diese Schwierigkeit hat Küch in glücklicher Art durch Anwendung von Stiften aus einer besonderen Nickelstahl-Legierung gelöst. Die Legierung, deren Ausdehnungskoeffizient beinahe Null, also nahezu dem des Quarzes gleich ist, ist von Ch. E. Guillaume erfunden worden und unter dem Namen „Invar-Metall" seit dem Jahre 1897 bekannt. In Abb. 4a haben wir einen Quarzbrenner dieser Art schon kennen gelernt. Jedes der beiden Polgefäße p, n trägt ein aufrechtes Ansatzröhrchen aus Quarzglas, in das ein schwach konisch gedrehter Nickelstahlstift fein eingeschliffen ist. Das untere Ende des Stiftes reicht in die Quecksilberelektrode, sein oberes Ende ist mit dem Zuleitedraht verbunden und die Schliffstelle ist mit etwas Quecksilber und einer Zementschicht völlig abgedichtet.

Neuerdings ist es gelungen, diese etwas heiklen und teueren Stromzuführungsstellen durch andere zu ersetzen, bei denen ein metallischer Leiter direkt in das Ansatzröhrchen eingeschmolzen ist, wie bei dem Brenner Abb. 4b.

II. Einige theoretische Grundlagen der Quarzlampe.

Die Wirtschaftlichkeit der Quarzlampe ist eine Funktion des Dampfdruckes.

Die ersten Quarzlampen waren, wie bereits bemerkt, in physikalischer Hinsicht nichts anderes als die durch Arons[1]) bekannt gewordenen und von Cooper Hewitt sehr vervollkommten Vakuum-Lampen, in denen ein Lichtbogen zwischen Quecksilberelektroden bei einer Dampfspannung von nur wenigen Millimetern gebildet wurde. In diesen Lampen erreicht die Wirtschaftlichkeit (Kerzenstärke pro Watt) ihren Höchstwert bei einem Dampfdruck, bei dem die Elektrodenspannung der Vakuumröhre ein Minimum ist[2]). Wird durch Steigerung der Wattbelastung der Röhre, ohne die Kühlung zu ändern, der Dampfdruck über diesen Punkt erhöht, so wird zwar die Lichtstärke größer, aber die Wirtschaftlichkeit geht zurück, und bei weiterer Steigerung des Dampfdruckes erreicht schließlich die Dampftemperatur einen solchen Wert, daß das Glas erweicht und die Röhre ruiniert wird.

Quarzglas verträgt jedoch viel höhere Temperaturen, da es erst bei 1400° C zu erweichen anfängt. Beim Experimentieren mit Quecksilberlampen aus Quarzglas entdeckten nun Küch und Retschinsky[3]), als sie die Quecksilberdampfspannung immer höher trieben, daß die Wirtschaftlichkeit der Lampe bei einem bestimmten Dampfdruck ein Minimum erreicht, nach dessen Überschreitung sie ständig besser wird, bis sie bei einem Quecksilberdampfdruck von mehreren Atmosphären Werte annimmt, die zu den allergünstigsten derzeit bekannter Lampen gehören. Gleichzeitig beobachteten sie eine auffallende Änderung in dem Aussehen des Lichtbogens. Die leuchtende Dampfsäule, die bei niedrigen Dampfdrücken den ganzen Rohrquerschnitt fast gleichmäßig ausfüllte, löste sich von den Wandungen ab und schnürte sich mit steigendem Druck immer mehr zusammen, bis sie schließlich einen nur wenige Millimeter dicken Strang in der Mitte der Rohrachse bildete. Zugleich nahm sie an Helligkeit stark zu und das anfänglich grünviolette Licht der gewöhnlichen Quecksilberlampe überging in ein angenehmeres Gelblichgrün, das mehr dem des Gasglühlichtes ähnelte.

Um die Änderung, die mit dem Quecksilberlichtbogen bei Erhöhung des Dampfdruckes vor sich geht, gut verfolgen zu können, denken wir uns einen Quarzbrenner, etwa den in Abb. 4b dargestellten einer 220 Volt-3,5 Ampère-Lampe, mit seiner Leuchtröhre senkrecht zur optischen Achse einer Photometerbank gestellt und mit genügendem Vorschaltwiderstand an eine Batterie von etwa 240 Volt angeschlossen.

---

[1]) L. Arons, Wied. Ann. **58,** 71, 1896.

[2]) J. Pole, E.T.Z., **23,** 153, 1912.

[3]) R. Küch und T. Retschinsky, Ann. d. Phys. **20,** 563, 1906; W. C. Heraeus, D.R.P. Nr. 182.113 vom 16. Aug. 1905.

Zur Verhinderung zu großer Abkühlung sei der Brenner in eine ventilierte, innen geschwärzte Kammer mit einem Glasfenster gegen das Photometer zu eingeschlossen und die Lüftung so geregelt, daß der Brenner bei einer Stromstärke von 3,5 Ampère dieselbe Elektrodenspannung hat, wie wenn er in der kommerziellen Lampe, umgeben von einer Glasglocke, brennen würde. Bei ungeänderter Ventilierung der Kammer möge die Stromstärke (i) des Brenners mittels des Vorschaltwiderstandes schrittweise geändert werden, und jedesmal wenn nach Regulierung des Widerstandes die Brennerspannung (e) einen stationären Wert erreicht hat, sei die Lichtstärke J[1]) des Brenners abgelesen. Verzeichnen wir die so gemessene radiale Kerzenstärke pro Watt $\dfrac{J}{ei}$ in Abhängigkeit von der Stromstärke, ferner die Kurve $e = f(i)$, welche wir die statische Charakteristik nennen wollen, so erhalten wir das Diagramm Abb. 5.

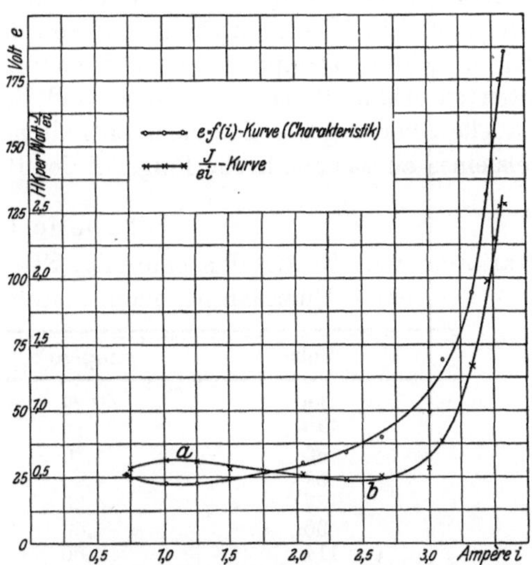

Abb. 5. Wirtschaftlichkeit und Brennerspannung eines 3,5 Amp.-220 Volt-Quarzbrenners in Abhängigkeit von der Stromstärke.

Bis zu einer Stromstärke von etwa 2,5 Amp. stellt unser Quarzbrenner eine gewöhnliche (Niederdruck-)Quecksilberlampe vor. Die Elektrodenspannung wird ein Minimum bei 1,1 Amp. und die Wirtschaftlichkeit erreicht bei diesem Strom ein relatives Maximum (Punkt a, Abb. 5), welches nur deswegen so schwach ausgeprägt ist, weil die Lichtsäule des Brenners sehr kurz ist. Das Minimum der $\dfrac{J}{ei}$-Kurve tritt bei einer Stromstärke von 2,5 Amp. im Punkte b ein, ohne daß die Charakteristik ihre steigende Tendenz verliert. Der Punkt b kennzeichnet den Übergang von der Niederdruck- zur Hochdrucklampe. Von da an steigt die $\dfrac{J}{ei}$-Kurve stetig an, bis sie zuletzt beinahe äquidistant mit der Charakteristik verläuft.

---

[1]) J bedeutet die Kerzenstärke (HK) senkrecht zur Leuchtröhre des Brenners mit Berücksichtigung der in unserem Falle 8 % betragenden Absorption des Glasfensters.

Dampfdruck
und Dampf-
temperatur.

Die Niederdrucklampe arbeitet mit einem mittleren Dampfdruck von etwa 1 bis 2 mm oder weniger, der Quecksilberdampf ist dabei nahe dem Sättigungspunkt und die mittlere Temperatur der Lichtsäule übersteigt kaum 400 ⁰ C. Dagegen war bei unserem Quarzbrenner bei einer Watt-Belastung von 150 Volt $\times$ 3,5 Amp. das Leuchtrohr dunkelrotglühend und die Temperatur der Rohrmitte natürlich noch weit höher. Während in den Quecksilber-Niederdrucklampen 1 Volt/cm der Lichtsäule schon ein ziemlich hohes Potential-Gefälle ist, läßt sich der Spannungsabfall in Quarzlampen auf 30 Volt/cm und mehr treiben. Die dabei erreichten Dampfdrücke sind enorm, wie aus der folgenden der zitierten Abhandlung von Küch und Retschinsky[1]) entnommenen Tabelle I hervorgeht. Die darin enthaltenen Druckmessungen sind mittels eines an das anodische Polgefäß des Brenners angeschmolzenen 2 m

Tabelle I.

Variation von Elektrodenspannung, Stromstärke und Dampfdruck in einer Quarzlampe, nach Küch und Retschinsky.

Volt	Ampère	Druck in cm Hg
36	2,78	0,2
40	3,15	0,6
60	4,10	3,8
67	4,20	9,0
87	4,30	14,0
96	4,50	19,1
114	4,50	29,5
122	4,60	35,1
132	4,50	42,6
140	4,80	47,7
154	4,80	58,7
163	4,80	67,0
174	4,80	76,5
181	4,75	82,7
188	4,80	89,0
196	4,80	96,5
202	4.80	100,5
150	5,05	60,8
178	4,75	82,0
201	4,60	104,0
220	4,45	121,0
237	4,50	138,0
239	4,40	150,0

langen Steigrohres aufgenommen. Der erste Teil der Tabelle, wo Elektrodenspannung und Stromstärke zunehmen, ist bei unveränderlicher natürlicher Kühlung der Elektroden (ähnlich den obigen Messungen) erhalten, der zweite Teil der Tabelle bezieht sich auf erhöhte Kühlung

---

[1]) Ann. d. Phys. **20**, 567, 1906.

der Polgefäße mittels eines gegen sie gerichteten Luftstroms. Bei Steigerung der Elektrodenspannung bis zu 400 Volt in einem Brenner mit entsprechend starken Rohrwandungen konnte der Quecksilberdampfdruck bis zu 4 Atm. getrieben werden.

Den hohen Dampfdrücken entsprechen hohe Temperaturen. Zu welcher ungeheueren Höhe die Hitzegrade in einer Quarzlampe gesteigert werden können, läßt sich aus Messungen schließen, die ebenfalls Küch und Retschinsky[1]) mittels in einen Quarzbrenner eingebrachten Thermoelementen durchgeführt haben[2]).

Die Stromstärke und Elektrodenspannung einer Quecksilberlampe von gegebenen Abmessungen sind, wie später noch ausführlich erläutert, von der elektrischen Belastung und der Kühlung abhängig. Indem man die Wattbelastung, etwa durch einen regulierbaren Vorschaltwiderstand, und die Kühlung, etwa durch einen gegen die Elektroden gerichteten Luftstrom verschiedener Stärke, variiert, kann man der Lampe bei gleichbleibender Stromstärke eine andere Elektrodenspannung oder bei konstanter Elektrodenspannung eine andere Stromstärke geben. Küch und Retschinsky haben an ihrer Quarzlampe Temperaturmessungen für beide Fälle vorgenommen. Wir entnehmen ihrer Arbeit die Tabellen IIa und b, welche die Angaben eines in der Achse des Leuchtrohres angebrachten Thermoelementes wiedergeben. Die Tabelle IIa zeigt den Verlauf der Temperatur in vier verschiedenen Versuchsreihen, innerhalb derer die Kühlung der Polgefäße so geregelt wurde, daß die Elektrodenspannung konstant blieb, während die Stromstärke variierte. Die Tabelle IIb dagegen enthält die Ablesungen am Thermoelement bei konstant gehaltener Stromstärke und veränderlicher Elektrodenspannung, und zwar bis zu dem Schmelzpunkte des Platindrahtes (angegeben mit 1710° C), der bei einer Brennerspannung von 62 Volt erreicht wurde.

Nimmt man an, daß in dem zweiten (den praktischen Betriebsbedingungen der Quarzlampen nahe kommenden) Falle die Temperatur des Leuchtfadens bei Erhöhung der Elektrodenspannung in dem gleichen Maße wie in Tab. IIb weitersteigt, so würde bei einer Elektrodenspannung von 175 Volt, (deren koordinierter Dampfdruck von etwa 1 Atm. dem der meisten kommerziellen Quarzlampen gleichkommt), die Temperatur in der Rohrachse 5000° C erreichen[3]). Bei genügender Stärke der Rohr-

---

1) Ann. d. Phys. **22**, 595, 1907.

2) Die Thermoelemente bestanden aus Platin und Platinrhodium, waren in evakuierte Quarzkapillaren eingezogen und mit diesen in seitliche, quer zur Achse des Leuchtrohres angebrachte Ansatzrohre eingekittet.

3) Freilich ist es sehr eigentümlich, daß so enorme Temperaturen in der Achse einer Röhre von etwa 18 mm Außendurchmesser herrschen könnten und die Rohrwand sich dabei nur bis zur Rotglut, d. h. auf nicht mehr als 850° C. erhitzen sollte, und das in einem Raume, der mit hochgespanntem, lebhaft zirku-

wandungen hätte sich die Elektrodenspannung in der untersuchten Lampe vielleicht auf 300 Volt treiben lassen, so daß wir es demnach bei der Quarzlampe mit den höchsten bisher künstlich erreichten Temperaturen zu tun hätten[1]).

Tabelle IIa.

Dampftemperaturen in der Rohrachse einer Quarzlampe bei konstanter Elektrodenspannung und variabler Stromstärke, nach Küch und Retschinsky.

Elektrodenspannung Volt	Stromstärke Ampère	Dampftemperatur ° C.
37,2	2,34	640
37,0	3,12	720
37	3,54	780
37	4,15	780
37	4,70	785
37,3	5,30	815
37	5,86	800
42,3	2,10	795
42,3	2,54	860
42,5	3,10	890
42,5	3,80	920
42,0	5,00	980
42,0	5,93	1015
50	2,04	890
50	3,00	1020
50,1	4,00	1130
50,3	4,93	1160
55	2,25	1020
55,3	3,10	1165
55	3,96	1190

Änderung des Spektrums mit dem Dampfdruck.   Die hohen Temperaturen, die überraschende Verbesserung der Wirtschaftlichkeit und die Änderung der Lichtfarbe könnten darauf schließen lassen, daß in dem Quecksilberlichtbogen bei hoher Steigerung des Dampfdruckes prinzipielle Änderungen in den Ursachen der Licht-

lierendem Metalldampf gefüllt ist. Auch ist es sonderbar, daß der erhitzte Quecksilberdampf, dessen Licht anscheinend den Strahlungsgesetzen glühender fester Körper wenigstens teilweise folgt (vergl. S. 11, 13), bei so hohen Temperaturen nur ein verhältnismäßig schwaches kontinuierliches Spektrum aussenden sollte, während z. B. überbelastete Wolframlampen bei etwa 2600° C des Glühfadens ein sehr intensives und sich über den ganzen Bereich sichtbarer Wellenlängen erstreckendes kontinuierliches Spektrum zeigen. Es scheint also, daß man weitgehende Folgerungen aus den zitierten Temperaturmessungen in der Quarzlampe mit Vorsicht aufnehmen sollte.

[1]) Nach J. Violle (C. R. **115**, 1273, 1892) beträgt die Temperatur im Krater des Kohlelichtbogens 3500° C.

emission eintreten. Von großem Interesse ist es daher, den Bau des Spektrums der Quarzlampe bei allmählichem Wachsen des Dampfdruckes zu verfolgen.

Tabelle IIb.

Dampftemperaturen in der Rohrachse einer Quarzlampe bei konstanter Stromstärke und veränderlicher Elektrodenspannung, nach Küch und Retschinsky.

Elektrodenspannung Volt	Stromstärke Ampère	Dampftemperatur ° C,
30	4,00	635
34,5	4,00	800
38	4,00	895
43	4,03	1075
46,5	4,03	1245
51,5	4,00	1475
57,3	4,00	1600
62	4,10	1710

Schon in ihrer ersten grundlegenden Abhandlung des Jahres 1906 wiesen Küch und Retschinsky darauf hin, daß sich in der Quarzlampe mit dem Dampfdruck das Intensitätsverhältnis der einzelnen Linien des Hg-Spektrums wesentlich ändert und daß bei höheren Dampfdrücken sich zu dem gewöhnlichen Linien- und Bandenspektrum[1]) noch ein kontinuierliches Spektrum gesellt. Durch spektralphotometrische Messungen an drei Wellenlängen (445, 473 und 645 $\mu\mu$, $1 \mu\mu = 1.10^{-6}$ mm) des letzteren wiesen die beiden Forscher[2]) nach, daß die Intensität der kürzeren Wellen des kontinuierlichen Spektrums mit steigender Dampftemperatur rascher zunimmt als die der längeren Wellen (Abb. 6) eine Erscheinung, die mit den Gesetzen der Lichtemission glühender Körper in Einklang ist.

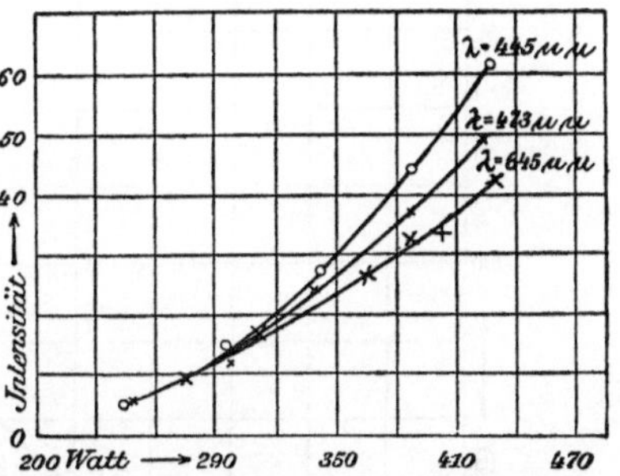

Abb. 6. Intensität dreier Wellenlängen des kontinuierlichen Spektrums der Quarzlampe in Abhängigkeit von der Dampftemperatur.

---

[1]) In dem Linienspektrum des (zur zweiten Gruppe des Mendeljeff'schen natürlichen Systems der Grundstoffe gehörenden) Hg bilden die hellsten Linien, wie bei den anderen Elementen derselben Gruppe, 6 Serien, von denen wieder je 3 gesetzmäßig gebaut sind, so daß man von 2 („Neben"-)Serien von Triplets spricht. Über das Linien- und Bandenspektrum des Hg siehe z. B. J. Stark, Ann. d. Phys. 16, 490, 1905, wo man auch eine Zusammenstellung der früheren Arbeiten findet.

[2]) Ann. 20, 578, 1906.

Weiter untersuchten K. u. R. die Intensitätsänderung des sichtbaren Linienspektrums, einer Quarzlampe bei verschiedener Wattbelastung durch spektralphotometrische Messungen an 11 der stärkeren Quecksilberlinien, nämlich der Linien $\lambda = 6234$, 6908, 5790, 5679, 5461, 4960, 4916, 4359, 4348, 4078, 4047 Å.-E. (1 Å.-E. $= 1.10^{-7}$ mm); von diesen sind die gelbgrüne Serienlinie 5461 und die gelbe Doppellinie 5790/69 jene, welche hauptsächlich die Lichtfarbe bestimmen[1]).

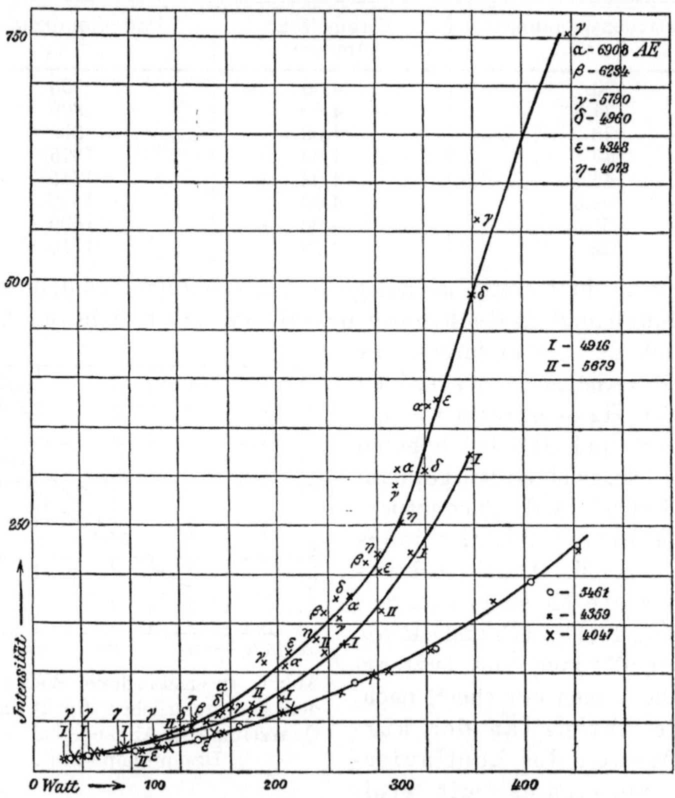

Abb. 7. Intensität von elf Linien des Linienspektrums der Quarzlampe
in Abhängigkeit von der Dampftemperatur.

Das Resultat dieser Untersuchungen ist durch die Abb. 7, in der die verhältnismäßigen Intensitäten der Linien in Abhängigkeit von der Wattbelastung eingezeichnet sind, graphisch wiedergegeben. Die Abbildung zeigt durchweg Anwachsen der Intensität mit zunehmendem

____

[1]) Über Messungen der verhältnismäßigen Strahlungsenergie verschiedener Spektrallinien der Quarzlampe siehe E. Ladenburg, Ph. Z., 5, 525, 1904, ferner H. Buisson u. Ch. Fabry, C. R. 152, 1838, 1911.

Dampfdruck, aber die Linien nehmen gruppenweise verschieden rasch zu. Die untereinander gleich schnell anwachsenden Linien (z. B. 5679 u. 4916 oder 5461, 4359 u. 4047) sind jedoch in Bezug auf den gesetzmäßigen Bau des Linienspektrums nicht von der gleichen Art. Pflüger[1]), der mit Quarzlampen ähnliche Intensitätsmessungen an den Spektrallinien der ersten und zweiten Nebenserie gemacht hat, fand, daß in einem Triplet als Ganzes betrachtet, das Gesetz der Temperaturstrahlung (d. h. schnelleres Anwachsen der Intensität der kürzeren Wellenlängen) nicht erfüllt ist, daß aber dieses Gesetz für die einzelnen Komponenten des Triplets gilt.

Da die Lichtfarbe der Quarzlampe in erster Linie von dem Linienspektrum des Hg abhängt, aber die Intensitätszunahme der sichtbaren Linien bei zunehmender Temperatur im allgemeinen in keinem nachweisbaren Zusammenhang mit der Wellenlänge steht, so findet die Änderung der Lichtfarbe bei zunehmendem Dampfdruck in der Steigerung der Temperatur des Bogens allein keine hinreichende Erklärung. Man muß also noch eine von der Wellenlänge und Dampfdichte abhängige Absorption der Dampfschichte vermuten.

Daß die Fähigkeit, Licht zu absorbieren, nur dem ionisierten, leuchtenden Quecksilberdampf zukommt, hat Pflüger[2]) bewiesen, denn schon $^1/_{10}$ Sek. nach dem Erlöschen der Quecksilberlampe konnte er kein Absorptionsvermögen nachweisen, obzwar sich die Temperatur und Dichte des Dampfes innerhalb dieser kurzen Zeit nicht stark ändern konnten.

Aus vergleichenden Messungen an einzelnen Spektrallinien zweier Quarzlampen gleicher Bauart und gleicher Charakteristik, wobei die Intensität einer bestimmten Linie zuerst an jeder Lampe für sich und dann an beiden hintereinander gestellten Lampen zusammen gemessen wurde, fanden Küch und Retschinsky[3]) tatsächlich für eine bestimmte Belastung und eine 1,5 cm dicke Dampfschichte die Absorption der gelbgrünen Serienlinie $\lambda = 5461$ Å.-E. im Mittel mit 52 $^0/_0$, jene der gelben Doppellinie $\lambda = 5769/90$ Å.-E. mit etwa 15 $^0/_0$ des einfallenden Lichtes.

Um die Wirkung verschieden dicker Dampfschichten festzustellen, benützten Küch und Retschinsky (l. c.) zwei gleiche Quarzlampen mit einem 2 cm weiten und 46 cm langen Leuchtrohr, das an beiden Enden durch angeschmolzene planparallele Quarzplatten begrenzt war.

Licht-
absorption
in der
Dampf-
schichte.

[1]) A. Pflüger, Ann. d. Phys. **26**, 789, 1908.
[2]) A. Pflüger, Ann. d. Phys. **24**, 524, 1907.
[3]) R. Küch und T. Retschinsky, Ann. d. Phys. **22**, 852, 1907.

Beide Lampen wurden auf gleiche Stromstärke und Elektrodenspannung gebracht und spektralphotometrisch die Intensität einzelner Linien der einen Lampe bei Querdurchsicht und der zweiten Lampe bei Längsdurchsicht im Verhältnis zur Intensität derselben Linien einer Vergleichslampe gemessen. Die folgende Tabelle, welche der genannten Abhandlung entnommen ist, gibt die Intensitäten einiger stärkeren Linien, wobei die Intensitäten aller Linien der Vergleichslampe und der Serienlinie 5461 in der Quer- und der Längslampe gleich 100 gesetzt sind.

Tabelle III.

Absorption einiger Serienlinien der Quarzlampe bei Quer- und Längsdurchsicht, nach Küch und Retschinsky.

λ Å. E.	Quer	Vergleichslampe	Längs
5790/69	81	100	212
5461	100	100	100
4959	66	100	443
4916	71	100	443
4358	92	100	96
4347/39	64	100	463

Weitere spektrographische Untersuchungen, besonders der einzelnen Hg-Linien der beiden Nebenserien von Triplets, zeigten, daß in allen Serien die Linien kleiner Wellenlänge weniger absorbiert werden als die langwelligen.

Die Vergrößerung der Schichtendicke wirkt also auf die Intensitätsverteilung des Hg-Linienspektrums im gleichen Sinne wie die Steigerung des Dampfdruckes. Die Änderung der Lichtfarbe der Quarzlampe infolge Absorption durch die Dampfschichte ist so groß, daß sie oft schon mit bloßem Auge wahrnehmbar ist. Photometriert man z. B. eine Quarzlampe bei ungeändertem Dampfdruck unter verschiedenen Neigungswinkeln zur Rohrachse, so erscheint das Licht in der Richtung des Rohres bedeutend röter und gelber als quer zur Rohrachse. Denselben Unterschied findet man auch bei der Niederdruck-Quecksilberlampe, er ist besonders auffallend, wenn man zum Vergleich eine Glühlampe benutzt.

Da sich der Bogen mit steigender Belastung einschnürt und die Einschnürung der leuchtenden Dampfschichte infolge größerer Dichte die Absorption erhöht, so muß die in Abb. 7 dargestellte Änderung der Intensitätsverteilung im Linienspektrum bei größerer Belastung sowohl der Wirkung erhöhter Temperatur als auch der einer vergrößerten Absorption zugeschrieben werden. In welcher Weise erhöhte Temperatur für sich allein das Spektrum verändert, gelang es Küch und Retschinsky (l. c.) durch Herstellung zweier Schichten von gleicher Absorption, aber verschiedener Temperatur, festzustellen. Der Vergleich beider lehrte, daß das Spektrum höherer Temperatur sich von demjenigen der kälteren Dampfschicht dadurch unterscheidet, daß in dem ersteren die Linien kürzerer Wellenlänge verhältnismäßig intensiver sind.

Zur Erklärung der merkwürdigen Zunahme der Wirtschaftlichkeit bei Erhöhung der Dampftemperatur nahmen Küch und Retschinsky in Anwendung einer von Ångström[1]) aufgestellten Hypothese an, daß man, wie in anderen Entladungen in verdünnten Gasen, auch im Quecksilberlichtbogen zwei verschiedene Strahlungsformen unterscheiden kann, nämlich eine Lumineszenzstrahlung, die ein dem betreffenden Element charakteristisches Linien- und eventuell Bandenspektrum liefert, und eine Temperaturstrahlung, die ein kontinuierliches Spektrum hat. Das erstere, diskontinuierliche, Spektrum ändert sich mit der Dampftemperatur in der Struktur nur wenig, aber die Spektrallinien und Banden erscheinen verschieden intensiv je nach der verschieden starken Bildung und Rekombination der Ionen in der Gas- oder Dampfstrecke. Das Spektrum der Temperaturstrahlung nimmt (im Einklang mit den Gesetzen der Strahlung glühender Körper) mit steigender Temperatur des Gases stetig an Intensität zu und verschiebt sich gegen die kurzwelligen (violetten) Strahlen.

Gründe der
Abhängig-
keit der
Wirtschaft-
lichkeit vom
Dampf-
druck.

Wirklich scheint es angesichts der hohen Dampfdrücke nicht unwahrscheinlich, daß die Strahlung der Quarzlampe nicht mehr allein von den, unter dem Einfluß der elektromagnetischen Kräfte bestimmte Schwingungen ausführenden, ionisierten Quecksilberteilchen herrührt, sondern daß sich zu diesen, dem chemischen Elemente „Quecksilber" charakteristischen Schwingungen, noch eine andere, durch die hohe Temperatur erregte und ein ununterbrochenes weites Bereich von Wellenlängen umfassende Strahlung gesellt. Bei der Niederdrucklampe besteht die sichtbare Strahlung nur aus dem durch Lumineszenz erregten Teil, während die Temperaturstrahlung im Ultraroten liegt. Wird die Belastung der Lampe über die Normalstromstärke (Punkt *a* in Abb. 5) gesteigert, so vermindert sich die pro Watt erzeugte Lichtintensität der Lumineszenzstrahlung infolge Überwiegen neutralen Hg-Dampfes in der Strombahn. Die Wirtschaftlichkeit der Temperaturstrahlung verbessert sich zwar stetig mit der zunehmenden Dampftemperatur und ihr Spektrum verschiebt sich allmählich von dem roten gegen das violette Ende; aber in der Nähe des Normalstromes ist

---

[1]) K. Ångström, Bolometrische Untersuchungen über die Stärke der Strahlung verdünnter Gase unter dem Einflusse der elektrischen Entladung, Upsala, 1892.

ihr kontinuierliches Spektrum noch zu wenig gegen die sichtbaren Wellenlängen vorgeschritten, um in Betracht zu kommen. In dem Punkt b, Abb. 5, kann aber die Ökonomie der sichtbaren Temperaturstrahlung bereits so groß sein, daß sie den Abfall der Wirtschaftlichkeit der Lumineszenzstrahlung ausgleicht und bei weiter wachsendem Dampfdruck immer mehr überwiegt, so daß sich die Gesamtökonomie der Lampe jenseits b stetig verbessert.

Die Änderung in der Kurve des spezifischen Wattverbrauchs, die besonders gut aus der später besprochenen Abb. 8 hervorgeht, und das nach Erreichung des maximalen Wattverbrauchs und anfänglich rascher Verbesserung der Wirtschaftlichkeit mit steigender Belastung immer stärkere Abflachen der Kurve (Abb. 8) deuten Küch und Retschinsky durch die Absorption. Denn nach den angeführten Untersuchungen soll die Absorption der Linien 5790/69 und 5461 — von deren Emission die Gesamtökonomie in erster Linie abhängt — bei kleineren Dampfdrücken (d. h. während des raschen Wachsens der Wirtschaftlichkeit) noch gering sein, während die Absorption dieser Linien mit fortschreitender Einschnürung des Leuchtfadens immer größer wird.

Obzwar gegen diese Hypothese im Prinzip nichts einzuwenden ist, glaube ich nicht, daß sie zur Erklärung der gesteigerten Ökonomie bei erhöhtem Dampfdruck vollkommen ausreicht, sondern, daß auch noch die Steigerung des Spannungsgefälles im Lichtbogen in Frage kommt. Die Elektrodenspannung (e) einer Quecksilberlampe können wir als aus zwei Teilen zusammengesetzt betrachten, dem Elektrodengefälle (A) und dem Spannungsabfall in der Lichtsäule, welcher caet. par. proportional der Länge der Lichtsäule L ist:

$$(1) \quad\ldots\ldots\ldots\ldots\ldots\quad e = A + B \cdot L$$

A und B bedeuten bei einer bestimmten Lampe Konstante, die von dem mittleren Quecksilberdampfdruck abhängen. Von der gesamten, in dem Lichtbogen verzehrten Energie wird nur der Teil $\dfrac{B \cdot L}{e} \cdot 100\,\%$, der auf die Lichtsäule entfällt, in Lichtstrahlung umgewandelt, so daß der theoretische Wirkungsgrad einer Quecksilberlampe (ohne Berücksichtigung des Vorschaltwiderstandes) ausgedrückt werden kann durch

$$(2) \quad\ldots\ldots\ldots\ldots\ldots\quad \eta_t = \frac{B \cdot L}{A + BL}\,{}^{1})$$

Da nun B mit zunehmendem Dampfdruck zunimmt, so gibt es, rein mathematisch betrachtet, zwei Wege, um η_t zu erhöhen:

a) die Rohrlänge L zu vergrößern und B, d. h. den Dampfdruck, verhältnismäßig niedrig zu halten;

---

[1] J. Pole, E.T.Z., **23**, 153, 1912.

b) die Rohrlänge klein zu wählen und B durch Steigerung des Dampfdruckes zu erhöhen.

Der Fall a) ist bei der Cooper Hewitt'schen Niederdruck-Quecksilberlampe, der Fall b) bei der Küch'schen Hochdruck-(Quarz-)Lampe verwirklicht.

Ist die gesamte radial zur Leuchtröhre ausgestrahlte Lichtstärke des Quarzbrenners J, so ist, mit Beibehaltung des obigen Ausdrucks für die Elektrodenspannung, die pro Watt erzeugte Kerzenstärke proportional

$$(3) \quad \ldots \ldots \ldots \ldots \ldots \quad \eta_l = \frac{J}{(A+BL) \cdot i}$$

oder mit Einsetzung des oben berechneten Wertes für η_t

$$(4) \quad \ldots \ldots \ldots \ldots \ldots \quad \eta_l = \frac{J}{i} \cdot \frac{\eta_t}{B \cdot L}.$$

Die Stromstärke i ist, wie Abb. 5 und Tabelle I zeigen, bei hohem Druck beinahe konstant und unabhängig von der Elektrodenspannung. Nehmen wir nun für einen Augenblick an, daß auf dem sehr steilen rechten Ast der Kurven in Abb. 5 die pro Volt Spannungsabfall in der Lichtsäule erzeugte Lichtintensität $\left(\dfrac{J}{BL}\right)$ nahezu konstant sei. Unter dieser Voraussetzung wäre η_l beinahe proportional η_t. Da aber η_t bei hohem Druck infolge des verhältnismäßig hohen Spannungsabfalles in der Lichtsäule nahe der Einheit ist und nicht mehr stark zunehmen kann, würde auch η_l bei Steigerung des Dampfdruckes über einen gewissen Wert nur noch langsam und immer langsamer zunehmen, d. h. die $\dfrac{J}{ei}$-Linie in Abb. 5 würde in dem rechten Aste sich immer mehr einer Geraden nähern und äquidistant mit der Charakteristik verlaufen (oder, was dasselbe ist, die Kurve des spezifischen Wattverbrauchs Abb. 8 würde immer mehr abflachen), was auch tatsächlich der Fall ist. Man kann also annehmen, daß auf dem steilen Aste der Charakteristik der Quarzlampe die Verbesserung der Wirtschaftlichkeit mit steigendem Dampfdruck mehr der Erhöhung des Verhältnisses η_t als einer Verbesserung der Ökonomie durch Temperaturstrahlung (verbunden mit Absorption der Dampfschichte) zuzuschreiben ist.

Wenn eine Quarzlampe bei ungeänderter Wattbelastung stärker gekühlt wird, so sinkt der Quecksilberdampfdruck, so daß die Stromstärke steigt und die Elektrodenspannung abnimmt. Da dadurch η_t (Gleichung 2) verringert wird und ein größerer Teil der im Lichtbogen umgesetzten Energie in Form von Wärme abgeleitet wird, so verkleinert sich auch die Wirtschaftlichkeit. Dieses kommt klar zum Ausdruck in den Schaulinien Abb. 8, welche die Brennerspannung und die Ökonomie des oben erwähnten 220 Volt-3,5 Amp.-Brenners unter zwei verschiedenen Abkühlungsverhältnissen darstellen, nämlich einmal für den Fall, daß der Brenner in eine Kammer, wie auf S. 7 erwähnt, einge-schlossen und das andere Mal wenn er in freier Luft brennt. Die sich auf den ersteren Fall beziehenden Kurven der Abb. 8 sind aus denselben Beobachtungen wie die in Abb. 5 berechnet, nur sind diesmal als Abszissen die Wattbelastungen anstatt der Stromstärken angenommen. Es ist bemerkenswert, daß von dem Punkte b bezw. b_1 an, der nach unserer früheren Annahme den Übergang von der Niederdruck- zur Hochdrucklampe kennzeichnet, die Elektrodenspannung geradlinig mit der Belastung, d. h. proportional dem Dampfdruck zunimmt.

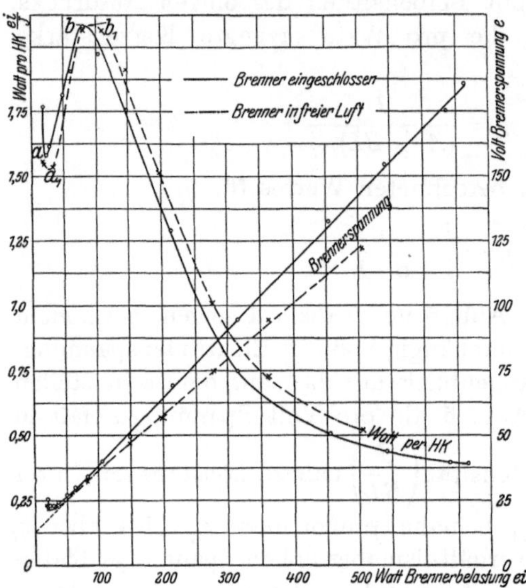

Abb. 8. Brennerspannung und spezifischer Wattverbrauch eines Quarzbrenners in Abhängigkeit von der Wattbelastung bei verschiedener Kühlung.

Merkwürdig ist es, daß für den Fall, wo die Lampe in dem Kasten brannte und daher verhältnismäßig wenig Energie durch Wärmestrahlung verlor, der geradlinige Ast der e-Kurve nach rückwärts verlängert, die Ordinatenachse in einer Höhe schneidet, die 12,5 Volt, d. h. beinahe dem normalen Elektrodengefälle des Hg-Lichtbogens mit Hg-Anode gleich ist.

Quarz-Amalgam-lampen. Während Quecksilber als Elektroden-Material in einer Quarzlampe die unübertreffbaren Vorteile hat, daß es eine sehr einfache Zündung des Lichtbogens gestattet, an der Pumpe leicht zu behandeln ist und eine einfache Konstruktion des Brenners ermöglicht, hat es den großen Nachteil eines beinahe monochromatischen Lichtes von der unangenehmen grünlichen Färbung, welche durch die hohe Dampftemperatur der Quarzlampe nur unvollkommen verbessert wird. Es ist also ein sehr naheliegender Gedanke, als Elektroden-(Kathoden-)Material ein anderes Metall, entweder in reinem Zustande, oder, um die vorteilhafte Kontaktzündung einer flüssigen Elektrode nicht einzubüßen, in Form von flüssigem Amalgam, zu versuchen. Bei einer Amalgamlampe handelt es sich hauptsächlich um Metalle, die intensive rote und orangegelbe Spektrallinien haben, da der Quecksilberlichtbogen vorwiegend an diesen arm ist. Daneben darf die Schmelz- und insbesondere die Verdampfungstemperatur nicht zu hoch sein und das Metall darf keine chemische Affinität zu Quarz haben. Einen Überblick über die vorzugsweise verwendbaren Metalle gewinnt man aus der Tabelle IV.

Tabelle IV.

Einige Metalle, die als Elektrodenmaterial zur Verbesserung der Lichtfarbe der Quarzlampe in Frage kommen.

Urstoff	Schmelzpunkt	Siedepunkt bei 760 mm Druck	Siedepunkt bei 1 mm Druck	Wellenlänge d. stärksten roten u. orangegelben Spektrallinien
	° C	° C	° C	Å.-E.
Kalium	62,5	757,5	340	7669, 7701
Natrium	97,5	877,5	390	5890/96
Lithium	179	etwa 1500	763	6708
Rubidium	38,5	696	295	6299
Calcium	800	—	—	5589
Strontium	etwa 800	—	—	5481, 6409
Barium	850	—	—	5536
Cadmium	321	770	436	5086, 6438
Zink	419	930	550	6103, 6364

Amalgamlampen hat schon Arons[1]) hergestellt. Seine Versuche, die Lampen mit Amalgamen von Na, K, Ag, Sn, Cd, sowie mit Elektroden aus dem leichtflüssigen Wood'schen Metall umfaßten, führten zu keinen brauchbaren Ergebnissen, da die aus gewöhnlichem Glas hergestellten Lampen eine starke Erhitzung nicht lange vertrugen.

Eine Cd-Amalgamlampe, die Gumlich[2]) anfertigte, wies, trotzdem sie mit großer Sorgfalt hergestellt und zur Vermeidung der Oxydierung des Amalgams unter Vakuum gefüllt wurde, ähnliche Schwierigkeiten, neben einer mangelhaften Niveauregulierung der Elektroden, auf.

Auch Weintraub, der anläßlich seiner schönen Untersuchungen über den Quecksilberlichtbogen[3]) versuchte, Vakuumlichtbögen von Alkalimetallen und deren Amalgamen darzustellen, ist nicht weiter gedrungen, da das Glas auch bei dem tiefen Schmelzpunkte solcher Kathodenmaterialien der chemischen Zersetzung auf die Dauer nicht zu widerstehen vermochte.

---

1) L. Arons, Wied. Ann. **58**, 71, 1896.
2) E. Gumlich, Wied. Ann. **61**, 401, 1897.
3) E. Weintraub, Phil. Mag. **7**, VI, 95, 1904.

Ein Fortschritt in dieser Richtung ist erst durch die Erfindung des Quarzglases zu verzeichnen. Dank der Entwicklung der Quarzglas-industrie durch W. C. Heraeus konnten Stark und Küch[1]) bereits im Jahre 1905 eine Studie über die elektrischen und spektralen Eigen-schaften des Lichtbogens zwischen Cd-, Zn-, Pb-, Bi-, Sb-, Te- und Se-Elektroden in evakuierten Quarzglasröhren veröffentlichen. Ihre Lampen bestanden aus einfachen Quarzröhren mit zwei Schenkeln für die Elektroden und eingeschliffenen Nickelstahlstiften zur Stromzufüh-rung. Die Elektroden und Schliffstellen mußten durch Wasser gekühlt werden, nur die Cd- und Zn-Lampe konnte auch bei gewöhnlicher Luft-kühlung mit den nach Art der Heraeuslampen über die Polgefäße geschobenen Metallrippen (vgl. S. 40) dauernd brennen. Zum Anlassen wurde die im Prinzip von Hewitt[2]) angegebene Induktionszündung verwendet, die im Wesen darin besteht, daß zwischen der Kathode der Lampe und einem an der Außenseite des Rohres gegenüber der Kante dieser Elektrode angebrachten metallischen Belag eine oszillierende Entladung hochgespannter Elektrizität hervorgerufen wird, während an die Hauptpole der Lampe entweder die Gleichstrom-Betriebsspannung, besser aber vorübergehend Hochspannung angelegt wird. Da die be-treffenden Metalle bei gewöhnlicher Zimmertemperatur einen sehr ge-ringen Dampfdruck besitzen, muß man zuerst die ganze Leuchtröhre und die Elektroden mittels eines Leuchtgasgebläses kräftig anheizen.

Die Metallichtbögen im Vakuum zeigen in elektrischer Hinsicht wesentlich dasselbe Verhalten wie der Quecksilberlichtbogen. Der Spannungsabfall in der Lichtsäule ist bei kontanter Dampfdichte von der Stromstärke nahezu unabhängig und steigt mit zunehmender Temperatur der Lichtsäule. Das Spektrum ist natürlich das des Ka-thodenmetalles, außer bei Anwesenheit von Quecksilber, in welchem Falle, auch bei den geringsten Spuren davon, Quecksilberlinien in dem Spektrum erscheinen.

Um das sich vordrängende Hg-Spektrum zugunsten der anderen Amalgambestandteile zu unterdrücken, empfiehlt Küch[3]) das Metall mit dem höheren Verdampfungspunkt in überwiegendem Prozentsatz zu nehmen, z. B. 98 Teile Cd und 2 Teile Hg; auch sollen gute Resultate mit einer Mischung erzielbar sein, deren ein Teil ein nichtverdampfendes, quasi als Lösungsmittel dienendes Metall, z. B. Sn, und der andere Teil aus Hg in geringer Menge und einem anderen verdampfbaren Metall im Überschusse, z. B. Cd, gebildet ist.

Gehrcke und v. Bayer[4]) schlugen eine Quarzlampe mit einem

[1]) J. Stark u. R. Küch, Ph. Z., 6, 438, 1905.
[2]) P. Cooper Hewitt, D. R. P. Nr. 135.009 vom 26. Juni 1900.
[3]) W. C. Heraeus, D. R. P. Nr. 186.625 vom 5. April 1905.
[4]) E. Gehrcke u. O. v. Bayer, E.T.Z., 27, 383, 1906.

Amalgam von etwa 100 Gewichtsteilen Zn und 30 Gewichtsteilen Hg vor. Um aber die zu intensive rote Zn-Linie $\lambda = 6364$ Å.-E. zu kompensieren und ein ganz weißes Licht zu erzielen, mischten sie Na und Bi, etwa 10% im Ganzen, zu. Das letztere Metall fanden sie insbesondere vorteilhaft, weil es die Sprengung des Lampengefäßes durch das beim Abkühlen erstarrende und sich stark ausdehnende Zn-Amalgam verhinderte.

Über eine Amalgam-Quarzlampe mit reichem Linienspektrum berichtet auch Arons[1]). Zur Erzielung weißen Lichtes empfiehlt er das leichtflüssige hochkonzentrierte Amalgam $Hg^3 Pb Bi$, dem man, um den Linienreichtum zu vermehren, noch Zn und Cd zusetzen kann.

Bei niedriger Wattbelastung zeigt der Lichtbogen bei allen Amalgamlampen nur die Hg-Linien wegen des niedrigen Siedepunktes dieses Elementes. Bei hohen Belastungen, wie sie nur die Quarzlampe verträgt, nehmen dagegen auch die anderen Bestandteile des Amalgams an der Elektrizitätsleitung aktiven Anteil und es erscheinen ihre Spektrallinien neben denen des Hg, und zwar in um so größerer Intensität, je höher die Elektrodentemperatur ist.

Neuerdings haben Wolfke und Ritzmann[2]) Quarzlampen mit Cd-Amalgam hergestellt, die nicht nur weißes Licht, sondern auch eine vorzügliche Wattökonomie haben. Ihr hochkonzentriertes Amalgam ist bei gewöhnlichen Temperaturen fest und enthält zur Erzielung einer befriedigenden Lichtfarbe je nach

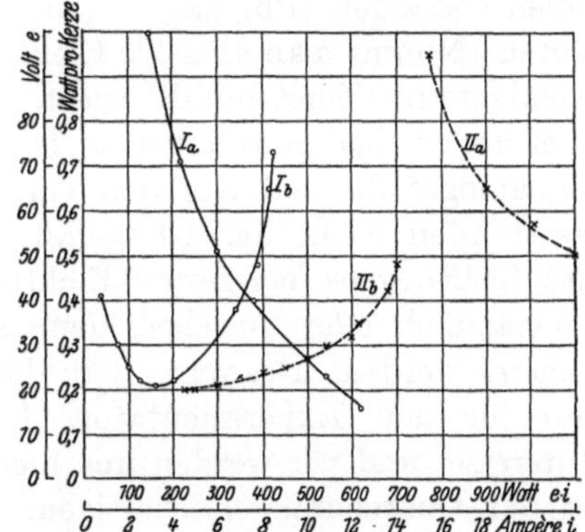

Abb. 9. Brennerspannung und spezifischer Wattverbrauch von Cd-Amalgamlampen.

Ia Kurve des spez. Wattverbrauchs, Lampe mit Amalgamanode.
IIa Kurve des spez. Wattverbrauchs, Lampe mit Graphitanode.
Ib Charakteristik, Lampe mit Amalgamanode.
IIb Charakteristik, Lampe mit Graphitanode.

Form und Größe der Lampe zwischen 3 bis 10% Hg. Aus vergleichenden Messungen der Wirtschaftlichkeit an ihren Lampen finden Wolfke und Ritzmann solche mit einer Graphitanode viel unökonomischer als jene, wo beide Elektroden aus Cd-Amalgam bestehen, wie aus den der genannten Abhandlung entnommenen Kurven Abb. 9 hervorgeht[3]). Die Lampe mit Legierungsanode scheint für die

---

[1]) L. Arons, Am. d. Ph. **23**, 176, 1909.
[2]) M. Wolfke, E.T.Z., **33**, 917, 1912.
[3]) Aus dem Aussehen der Kurven möchte ich schließen, daß sich auch bei der Lampe mit Graphitanode (Kurve IIa) eine ebenso gute Ökonomie erreichen läßt wie bei der mit Amalgamanode, nur tritt dieses wahrscheinlich erst bei sehr hohen

Praxis auch besser geeignet zu sein, weil sie bei gleichen Abmessungen eine höhere Klemmenspannung und kleinere Stromstärke hat als die Lampe mit Graphitanode.

Obzwar die Quarzlampe mit Amalgamelektroden gegenüber der Quecksilberlampe den sehr verlockenden Vorteil einer angenehmen und beinahe in beliebigen Abtönungen erzielbaren Lichtfarbe hat, so stehen doch noch ihrer praktischen Verwendung große Schwierigkeiten im Wege. Bisher ist es nicht gelungen, das Niveau der Elektroden für die Dauer selbstregulierend zu machen. Wählt man ein leicht flüssiges zusammengesetztes Amalgam, wie z. B. das Arons'sche $Hg^3\,Pb\,Bi$, so treten in der Regel Schwankungen in der Verdampfung der verschiedenen Metalle auf und die Lichtfarbe wechselt, da bald die Spektrallinien des einen (Pb) bald die des anderen Metalls (Bi) heller hervortreten. Nimmt man aber als Elektrodenmaterial ein hochkonzentriertes Amalgam nur eines Metalls wie z. B. das von Wolfke, so erstarren die Elektroden bei gewöhnlicher Temperatur und gefährden dabei das Vakuumgefäß, weil das den Glaswänden anhaftende Amalgam beim Festwerden leicht das Glasgefäß sprengt; außerdem ist die Zündung des Lichtbogens bei festen Elektroden in der Praxis entweder sehr umständlich oder unsicher, denn sie müssen in der Regel zuerst angeheizt werden. Deswegen hat die Amalgam-Quarzlampe vorderhand nur für den Experimentator, für diesen allerdings hervorragendes Interesse, und wir werden uns hier in der Folge nur mit der Quecksilber-Quarzlampe beschäftigen.

III. Einige technische Grundlagen der Quarzlampe.

Günstiger Dampfdruck.

Die Lichtausbeute und Elektrodenspannung einer Quarzlampe hängen, wie wir gesehen haben, von dem mittleren Dampfdruck ab, und dieser wieder ist bestimmt durch das Verhältnis zwischen Wärmezufuhr, d. h. Wattbelastung, und Wärmeabführung, d. h. Kühlung, des Brenners. Die Wattbelastung kann bei konstant gehaltenen Kühlungsverhältnissen durch Veränderung des aus später angeführten Gründen immer vorgesehenen Vorschaltwiderstandes der Lampe in ziemlich weiten Grenzen variiert werden. Die Kühlung dagegen läßt sich in der Regel nicht so leicht erheblich ändern, wenn der Brenner einmal fertig ist und die Fabrik verlassen hat. Da die Kühlung des Brenners fast immer durch seine natürliche Wärmestrahlung erfolgt,

---

Wattbelastungen ein. Der Grund davon dürfte darin zu suchen sein, daß zur Erreichung hoher Wirtschaftlichkeit ein verhältnismäßig großer Dampfdruck erforderlich ist, und dieser wird bei einer Lampe, wo beide Elektroden aus dem verdampfbaren Amalgam bestehen, bei viel niedrigerer Stromstärke erreicht als bei einer Graphitanode, wo sich nur die Kathode verflüchtigt.

muß bei der Fabrikation dafür Sorge getragen werden, daß erstens die gesamte Kühlfläche des Brenners in ein richtiges Verhältnis zu seiner voraussichtlichen Wattbelastung gebracht wird[1]) und zweitens, daß diese Kühlfläche in dem richtigen Verhältnis auf Anode und Kathode unterteilt wird.

Wir kommen so zu der wichtigen Frage des günstigsten Dampfdruckes in der Quarzlampe. In der Niederdruck-Quecksilberlampe ist der günstigste Dampfdruck jener, bei dem die Elektrodenspannung ein Minimum erreicht (Punkt a in Abb. 5 u. 8), da bei dieser Belastung der spezifische Wattverbrauch ein relatives Minimum hat. Bei der Hochdruck-(Quarz-)Lampe jedoch würde es auf den ersten Blick scheinen, als ob es am besten wäre, den Dampfdruck so hoch als möglich zu wählen, denn die Abb. 5 und 8 zeigen eine mit dem Dampfdruck stetig zunehmende Wirtschaftlichkeit. Dagegen ist es ohne weiteres klar, daß innere Überdrücke von mehreren Atmosphären sehr hohe Anforderungen an die Fabrikation der Quarzbrenner stellen. Nicht nur muß die Wandstärke so bemessen sein, daß der Brenner die mechanische Beanspruchung aushält, nicht nur müssen die unmittelbar an die Elektroden angrenzenden und in der Regel der größten Hitze ausgesetzten Stellen des Leuchtrohres entsprechend verdickt werden, damit das Quarzglas dort nicht erweicht, sondern auch die Stromzuführungsstellen sind dann schwierig herzustellen. Denn der kalte Brenner hat Vakuum und die Stromzufuhrstellen müssen ihn gegen den äußeren Überdruck abdichten; im Betriebe dagegen, wenn die Lampe gezündet und der Brenner inneren Überdruck hat, müssen sie ein Entweichen des Quecksilberdampfes nach Außen verhüten. Bestehen die Stromzuführungsstellen, wie bei den meisten derzeit marktfähigen Quarzlampen, aus konisch eingeschliffenen Nickelstahlstiften, so müssen bei inneren Überdrücken gegeneinander gekehrte Doppelkonuse angewendet werden. Aber selbst dann verursacht der Wechsel in den Beanspruchungen beim Zünden des Lichtbogens leicht ein Lockerwerden der Schliffstellen und die zu hohe Erwärmung derselben führt leicht zu Sprüngen (vgl. S. 36). Zudem ist der Gewinn an Wirtschaftlichkeit durch allzu forcierte Steigerung des Betriebsdruckes nicht bedeutend, die $\frac{J}{ei}$-Kurve Abb. 5 z. B. zeigt bei Steigerung der Elektrodenspannung von 170 auf 180 Volt nur eine Zunahme der Ökonomie von 10,5 %. Der größere Vorteil hoher Dampfdrücke wäre die Verbesserung der Lichtfarbe.

---

[1]) Durch die Entdeckung dieser scheinbar sehr einfachen Bedingung der richtigen Regelung des Dampfdruckes mittels Vergrößerung der ausstrahlenden Oberfläche hat P. Cooper Hewitt (U.S.P. Nr. 682.695/6, 17. Sept. 1901) erst die Quecksilberlampe praktisch brauchbar gemacht.

Für praktische Lampen ist ein Dampfdruck von etwa einer Atmosphäre der beste. Hierbei ist der Brenner während des Betriebes entlastet, was sehr zu seiner Haltbarkeit beiträgt.

Ein anderer Grund, der gegen allzu hoch gesteigerte Dampfdrücke spricht, liegt nicht so ganz zutage. Die in der Praxis verwendeten Quarzlampen werden alle mittels Kontaktzündung angelassen und zwar wird in der überwiegenden Mehrzahl der Fälle der Brenner selbsttätig durch einen Elektromagnet gekippt, um die Elektroden vorübergehend in Berührung zu bringen. Wenn nun der Brenner bei zu hohem Dampfdruck arbeitet und der Lichtbogen aus irgendeiner Ursache, z. B. wegen eines starken augenblicklichen Abfalles der Netzspannung, erlischt, so wird der Brenner von dem Mechanismus sofort gekippt, um wieder zu zünden. Das die heißen Rohrwände entlang rollende Quecksilber kann dabei so stark verdampfen, daß der Druck für einen Augenblick bedeutend höher als in der normal brennenden Lampe und eventuell so groß wird, daß der Lichtbogen für einen Augenblick eine höhere Elektrodenspannung als die im Netze verfügbare erfordert. In dem Fall wird der Lichtbogen nach Trennung der Elektroden wieder erlöschen, der Brenner kippt wieder, der Dampfdruck steigt noch höher und der Kippmechanismus wird fortfahren zu arbeiten, ohne daß die Lampe für die Dauer angeht. Es gibt also bei einer gegebenen Netzspannung einen maximalen Dampfdruck, der nicht überschritten werden darf, wenn die Lampe in heißem Zustande durch Kontakt zündbar sein soll. Wir wollen ihn den kritischen Dampfdruck und die zugehörige Elektrodenspannung die kritische Brennerspannung e_k nennen. e_k hängt von den Dimensionen des Brenners und den Abkühlungsverhältnissen, ferner von der Netzspannung und der Reaktanz des Stromkreises ab.

In einer jeden Quecksilberlampe muß ein gewisser Prozentsatz der Netzspannung in einem Vorschaltwiderstand aufgenommen werden. Ein Teil dieses Widerstandes muß die Schwankungen der Netzspannung decken und dient zur Regelung, um eine bestimmte Lampentype einem weiteren Bereich von Netzspannungen anzupassen; ein zweiter, bestimmter Teil der im Vorschaltwiderstand aufzunehmenden Potentialdifferenz ist als sog. „Rückspannung" für das stetige Brennen und die Zündung des Lichtbogens erforderlich. Außer dem in Gleichstromlampen — und nur von diesen ist hier bis auf weiteres die Rede — notwendigen Ohmschen Vorschaltwiderstand (r), ist es empfehlenswert, auch eine Selbstinduktion (L) dem Lichtbogen vorzuschalten, obzwar letztere bei der Quarzlampe nicht unbedingt nötig ist wie bei den Niederdrucklampen kleinerer Stromstärken.

Bezeichnet nun E die Netzspannung, e_1 die stationäre Elektrodenspannung des Quarzbrenners und i_1 die Stromstärke, so gilt für die stationär brennende Lampe

$$(5) \ldots \ldots \ldots \ldots E - e_1 - i_1\, r = 0.$$

Wenn der Lichtbogen plötzlich erlischt und der heiße Brenner gekippt wird, vergrößert sich der augenblickliche Dampfdruck p um Δp, demgemäß nimmt die Elektrodenspannung um Δe_1 zu und die Stromstärke fällt. Die Spannungsbilanz ist für diesen Augenblick

$$E - e_1 - \Delta e_1 - ir - L\frac{di}{dt} = 0.$$

Wenn die Stromstärke dabei unter einen gewissen Mindestwert sinkt, wird der Lichtbogen erlöschen und die Lampe fortfahren zu kippen. Dieser Mindestwert von i ist mit der kritischen Spannung e_k (bei welcher der Lichtbogen gerade noch wiederzündet) durch die Gleichung

$$(6) \ldots \ldots \ldots E - e_k - \Delta e_k - ir - L\frac{di}{dt} = 0.$$

verbunden, in der Δe_k den Spannungszuwachs in dem Augenblicke nach dem Kippen bedeutet.

Da der Minimalstrom für einen bestimmten Brenner fast konstant ist, folgt aus der Gleichung 6, daß die zur Ermöglichung der Wiederzündung des heißen Brenners maximal zulässige stationäre Brennerspannung (e_k) keine Konstante ist. Sie ist um so größer, je größer die Netzspannung und je größer die Selbstinduktion des Stromkreises ist (da, wenn der Lichtbogen zu verlöschen droht, di negativ wird).

Einen Begriff davon, wie sich diese Verhältnisse in der Praxis gestalten, geben die Kurven I und II der Abb. 10. Sie sind an dem oben erwähnten normalen Quarzbrenner einer 3,5 Amp.-220 Volt-Lampe der C. H. E. Co. aufgenommen und stellen die kritische Brennerspannung in Abhängigkeit von der Netzspannung (I) und von der Selbstinduktion des Lichtbogenkreises (II) dar[1].

Aus Gründen der höheren Wirtschaftlichkeit wird manchmal die normale Brennerspannung so hoch gewählt, daß sie der kritischen möglichst nahekommt, ja sie sogar übersteigt. Man hilft sich dann dadurch, daß man Δe_1 verkleinert, indem man zwischen dem Erlöschen und dem Wiederzünden eine gewisse Zeit verstreichen läßt, um dem Brenner Zeit zu geben, sich etwas abzukühlen. Bei automatisch zündenden Lampen wird das dadurch erreicht, daß man den selbsttätigen

---

[1] Bei der Aufnahme der Kurven war der Brenner in eine normale, zur Ausrüstung der ganzen Lampe gehörige Glasglocke eingeschlossen. Das Zeitintervall zwischen Auslöschen und Wiederzündung des heißen Brenners betrug etwa $1/2$ Sek. Für die Kurve I war L konstant und gleich 0,079 Henry, für II war E konstant und gleich 220 Volt.

Stromschalter, der den Kippmagnet in Bewegung bringt, mit einer Verzögerungsvorrichtung, z. B. einem Luftkatarakt oder einem Uhr-

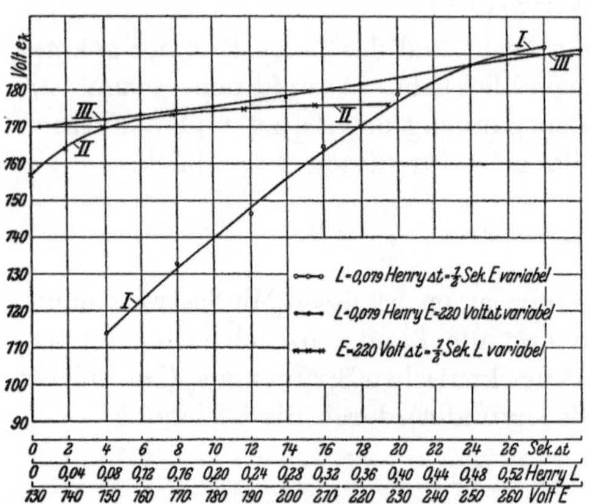

Abb. 10. Kritische Spannung eines 3,5 Amp.-220 Volt-Brenners in Abhängigkeit von der Netzspannung, der Selbstinduktion und der Abkühlungszeit.

werk mit Windflügeln, verbindet, welche Vorrichtung dem Schalter erst mehrere Sekunden nach Erlöschen des Lichtbogens zu schließen gestattet [1]). Die Wirksamkeit einer solchen Anordnung ist in der Kurve *III* Abb. 10 dargestellt. Die Ordinaten dieser Kurve geben die kritische Elektrodenspannung der erwähnten 220 Volt Lampe bei $E = 220$ Volt und $L = 0,079$ Henry in Abhängigkeit des Zeitintervalls $\varDelta t$ zwischen Auslöschen und Wiederkippen des heißen Brenners.

Niveauregulierung bei Quecksilberelektroden.

Mit der Festsetzung des Dampfdruckes bei einer bestimmten Wattbelastung des Brenners ist zwar die gesamte abzuführende Wärmemenge gegeben, aber wir treten nun vor die Aufgabe, die dazu nötigen Kühlflächen auf die verschiedenen Teile des Brenners in richtigem Verhältnis zu verteilen. Wie in jedem Lichtbogen, so auch in jenem mit einer Quecksilberkathode im Vakuum gebildeten, findet unmittelbar an der Austrittstelle des elektrischen Stromes an Anode und Kathode ein verhältnismäßig bedeutender Energieumsatz statt, der sich in einem plötzlichen Spannungsabfalle, dem Anoden- und Kathodengefälle, manifestiert. Da der größte Teil dieser Energie in Wärme umgewandelt wird, muß letztere irgendwie abgeleitet werden, was, wie bereits erwähnt, zweckmäßig dadurch geschieht, daß man den Polgefäßen eine vergrößerte Oberfläche gibt, damit die Wärme ausgestrahlt werden kann.

Wenn aber, wie bei den bisher erwähnten Quarzbrennern, beide Elektroden aus Quecksilber bestehen, so entsteht die Schwierigkeit der richtigen Verteilung der Kühlflächen zwischen Kathode und Anode. Denn jetzt findet Verdampfung an beiden Polen statt und jeder Elektrode muß durch Kondensation genau so viel Quecksilber wieder zugeführt werden, als sie durch Verdampfung verliert. Bei der Niederdrucklampe wäre das allerdings einfach; man braucht nur der Vakuumröhre eine leicht geneigte oder auch vertikale Brenn-

---

[1]) W. C. Heraeus, D.R.P. Nr. 206.251 vom 28. Februar 1908.

lage und der höher gelegenen Elektrode eine überwiegend größere Kühlkammer zu geben, dann fließt der Überschuß des kondensierenden Quecksilbers stetig zu der unteren Elektrode ab. Eine solche Anordnung, wie z. B. in Abb. 11, ist jedoch bei der Hochdrucklampe unzulässig. Denn das herunterfließende Quecksilber würde bei Berührung mit der hoch erhitzten Wandung der Leuchtröhre so vehement verdampfen, daß dadurch die Elektrodenspannung vorübergehend stark erhöht und der Lichtbogen derartig unstetig gemacht würde, daß er immerwährend am Aus

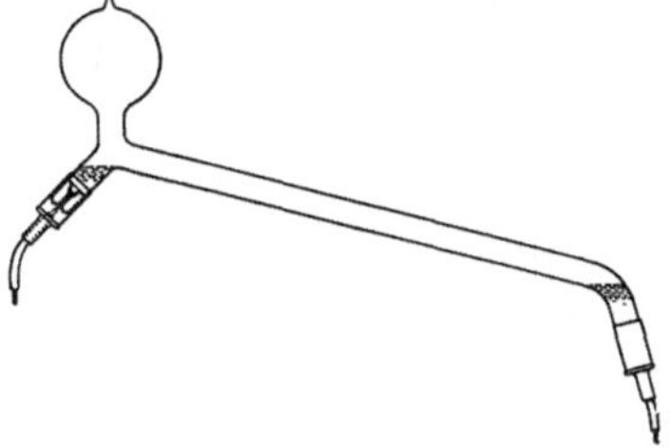

Abb. 11. Niederspannungslampe mit Quecksilberanode.

löschen wäre. Wenn man aber, um das zu verhindern, die Lampe bei tieferen Temperaturen arbeiten ließe, wäre der Wirkungsgrad niedrig.

Man gibt wohl den beiden Elektroden des Quarzbrenners eine im Verhältnis zu der an jeder von ihnen erzeugten Wärme verschiedene Kühlfläche, indem man die Oberfläche des negativen und positiven Polgefäßes im Verhältnis des Kathoden- zum Anodenfall wählt[1]). Indessen genügt das nicht. Denn der Anodenfall, und in der Hochdrucklampe wahrscheinlich auch der Kathodenfall, ändert sich mit dem Dampfdruck und der Elektrodentemperatur, so daß, wenn auch die Kühlflächen für eine bestimmte Brennerbelastung genau eingestellt wären, das Gleichgewicht bei einer Änderung der Netzspannung oder der Außentemperatur gestört würde.

Diese Schwierigkeit wird nach dem Vorschlage von Heraeus[2]) in folgender Weise überwunden: Man verteilt die Kühlfläche auf das positive (p) und negative (n) Polgefäß (Abb. 16, 17) ungefähr in dem durchschnittlichen Verhältnis des Elektrodengefälles, zur feineren Regulierung der Verdampfung der beiden Elektroden bringt man aber an der Kathode eine innen schwach konisch geschliffene, gegen die Lichtsäule sich verengende Einschnürung c an. Wenn die Lampe normal brennt, so ist der negative Konus c etwa halb voll (wie in der Abb. 16, 17 angedeutet), und die kathodische Strombasis, nämlich jene weißglühende, bei gewöhnlichen Quecksilberlampen in immerwährender unsteter Bewegung auf der Oberfläche der Quecksilberkathode begriffene Stelle, ist in der Einschnürung festgehalten. Da diese, wenige Quadratmillimeter messende Stelle außerordentlich heiß, das übrige

---

[1]) C. O. Bastian, Brit. Pat. Nr. 28147 vom 22. Dezember 1904; auch erwähnt bei R. Küch u. T. Retschinsky, Ann. 20, 563, 1906.

Bei Niederdrucklampen ist das Gefälle an der Quecksilberkathode 5,3 Volt und an einer Quecksilberanode im Mittel 7,4 Volt. In der Hochdrucklampe dürfte das Elektrodengefälle viel höher sein.

[2]) W. C. Heraeus, D.R.P. Nr. 205.094 vom 28. Dezember 1905.

Quecksilber in dem negativen Polgefäß aber verhältnismäßig niedrig temperiert ist, so findet zwischen dem Quecksilberniveau im Konus und dem Rest des negativen Quecksilbers in n ein lebhafter Wärmeaustausch statt, der um so größer ist, je näher die negative Strombasis dem übrigen Quecksilber ist, d. h. je mehr sich der Konus entleert. Destilliert nun z. B. zuviel Quecksilber aus dem positiven in das negative Polgefäß, so füllt sich die Einschnürung, der Wärmeaustausch zwischen dem negativen Krater und dem Quecksilber in n wird kleiner, so daß das Quecksilber in c stärker zu verdampfen anfängt. Der Ausgleich wird unterstützt durch den verhältnismäßig hohen Spannungsabfall in der engen Öffnung von c, wodurch sich bei Entleerung von c die Elektrodenspannung erhöht und der Strom abnimmt; ferner durch die Verjüngung der Einschnürung gegen die Lichtsäule; da, wenn c voll ist, die kathodische Oberfläche des Quecksilbers kleiner und die Verdampfung an ihr stärker ist.

Eine andere Lösung desselben Problems ist ein direkter Ausgleich der Wärme zwischen anodischem und kathodischem Polgefäß, was Kent und Lacell[1]) dadurch erreichen, daß sie die Leuchtröhre $\bigcap$-förmig biegen und die Polgefäße mit nur einer dünnen Scheidewand aneinanderstoßen lassen, wie z. B. in dem in Abb. 22 dargestellten Brenner der „Silica"-Lampe der W. C. H. Co.

Quarz-
brenner mit
fester
Anode.

Der Charakter und das Spektrum des Lichtbogens werden grundsätzlich nur durch das Material seiner Kathode bestimmt, denn diese Elektrode liefert die leitfähigen Dämpfe, welche die elektrische Strömung in der Dampfstrecke aufrecht erhalten. Der Lichtbogen kann nur bestehen, wenn seine Kathode heiß ist[2]). Man kann deswegen die Verdampfung an der Kathode niemals ganz unterdrücken ohne den Lichtbogen auszulöschen, obzwar sich die Dampfbildung durch Kühlung der negativen Elektrode stark herunterdrücken läßt, ohne daß sich die physikalischen Vorgänge in dem Bogen und sein Spektrum wesentlich ändern. Denn es wird im allgemeinen an der Kathode viel mehr Dampf erzeugt, als zur Fortdauer des elektrischen Stromes nötig ist.

Die Temperatur, die Dampfbildung oder das Material der positiven

---

[1]) H. A. Kent und H. G. Lacell, Brit. Pat. Nr. 21.834 vom 15. Oktober 1908.

[2]) J. A. Fleming (Proc. Roy. Soc. 47, 123, 1890) hat zuerst auf diese wichtige Eigenschaft der Lichtbogenentladung hingewiesen. Klar definiert und wissenschaftlich begründet wurde sie von J. Stark (Ann. d. Phys. 12, 687, 1903) und gleichzeitig von J. J. Thomson (Conduction of Electr. through Gases, Cambridge 1903, S. 424).

Nach der Thomson-Stark'schen Theorie kommt die Lichtbogenentladung dadurch zustande, daß die unmittelbare Austrittsstelle des elektrischen Stromes an der negativen Elektrode („kathodische Strombasis") auf eine so hohe Temperatur gebracht wird, daß sie (wie andere weiß glühende Leiter) Elektronen in großer Menge ausstrahlt. Die dazu erforderliche Energie wird durch den Spannungsabfall an der Kathode bestritten.

Elektrode kommen dagegen für die Aufrechterhaltung des Lichtbogens im Prinzip nicht in Betracht und man kann die Verdampfung an der Anode vollständig beseitigen, ohne daß die Lichtbogen-Entladung wesentliche Störungen erleidet. Man kann also die positive Elektrode der Quarzbrenner aus einem nicht verdampfenden festen Leiter, ebenso wie bei der eingangs erwähnten Cooper Hewittschen Niederdrucklampe wählen und beseitigt so mit einem Schlage alle Schwierigkeiten der Niveauregelung der Elektroden. Denn dann verdampft nur die Kathode und nur diese allein muß regeneriert werden. Man verlegt also den größten Teil der Kühlfläche an das negative Ende und hält die positive Elektrode so heiß, daß dort kein Quecksilberdampf kondensiert.

Die feste Anode würde nicht nur die Konstruktion der Quarzbrenner erheblich vereinfachen, sondern auch theoretisch — oder besser gesagt, unter falschen Voraussetzungen — betrachtet, einen höheren Wirkungsgrad erwarten lassen. Denn der Anodenfall (im Quecksilberlichtbogen) an den in Betracht kommenden festen Leitern ist durchwegs kleiner als der am Quecksilber und ein Teil der, infolge dieses Spannungsabfalles an der Anode verbrauchten und sonst nicht ausgenützten Energie könnte sogar, da die Anode in der Regel ins Glühen kommt, in Lichtstrahlung umgewandelt werden.

Das Material zu festen Anoden von Quarzbrennern soll vor allem einen genügend hohen Schmelzpunkt haben, um den hohen Temperaturen zu widerstehen; es soll sich ferner sehr wenig oder gar nicht amalgamieren, nicht zerstäuben und in hinreichender Reinheit billig zu haben sein. In Hinsicht auf den Schmelzpunkt kämen für die Praxis die folgenden Leiter in Frage:

Tabelle V. Einige elektrische Leiter mit hohem Schmelzpunkt.

Leiter	Schmelzpunkt ^{0} C	Beobachter
Platin	1755	Day, Sosman (1910)
Iridium	2300 2360 (optisch)[1]	Bureau of Standards (1910) v. Wartenberg (1910)
Osmium	2500	v. Piktet (1879)
Molybdän	2110 2450	Ruff (1910) v. Pirani u. A. R. Meyer (1912)
Tantal	2250 2850 (optisch)	v. Bolton (1905) v. Pirani u. A. R. Meyer (1911)
Wolfram	2900 3100 3000	v. Wartenberg (1910) v. Pirani u. A. R. Meyer (1912) Bureau of Standards (1910)
Kohlenstoff	Schmelzpunkt ? Siedepunkt 3500	Violle (1892, 1895)

[1]) Gemessen mit optischem Pyrometer.

Unter diesen Metallen schalten sich Platin und Platinlegierungen aus, da sie zu teuer sind, keinen genügend hohen Schmelzpunkt haben und sich unter Einfluß der elektrischen Entladung ziemlich stark amalgamieren. Iridium und Osmium sind viel zu teuer. Graphit ist zu weich und zerstäubt sehr stark, enthält außerdem viel okkludierte Gase die sich an der Pumpe schwer entfernen lassen. Es bleiben somit nur Tantal, Molybdän und Wolfram übrig, von denen das letztere hauptsächlich seines hohen Schmelzpunktes und der billigen Beschaffung wegen den Vorzug erhält. Wolframelektroden in Quarzbrennern wurden zuerst von Bastian und später von Weintraub benutzt.

Die große Schwierigkeit derartiger Brenner ist immer die, die Anode gegen die hohen Hitzegrade widerstandsfähig zu machen. Denn schon bei einer Temperatur von 800—900 ^{0} C zerstäubt selbst eine Wolframanode unter dem Einfluß der elektrischen Entladung ziemlich stark, und diese Temperatur ist weit unter derjenigen, die in einer Quarzlampe wünschenswert wäre. Die Zerstäubung läßt sich jedoch durch kleinere Dampfdrücke, d. h. Erniedrigung des Spannungsgefälles pro cm Lichtsäule, stark vermindern. Um aber bei dem kleineren Potentialgradient der Lichtsäule den Wirkungsgrad nicht zu verschlechtern (d. h. nach S. 16 das Verhältnis $\dfrac{e}{E}$ nicht herabzusetzen), muß das Leuchtrohr verlängert werden. Freilich geht dabei der Vorteil der gedrungenen Bauart des Brenners teilweise verloren und mit der niedrigeren Dampftemperatur verlieren sich die ohnehin nicht zu reichlichen roten und orangegelben Strahlen, so daß sich der Brenner der Niederdrucklampe nähert. Andererseits aber bringt die Verminderung der Dampfdruckes eine günstige kritische Spannung und Vermeidung der Explosionsgefahr bei Spannungserhöhungen des Netzes (vgl. S. 35) mit sich.

Die Einbrennperiode.

Wenn eine Quarzlampe in kaltem Zustande gezündet wird, so ist der Dampfdruck am Anfang gering; je nach den Abmessungen des Brenners ist die anfängliche Elektrodenspannung etwa 18 bis 35 Volt, der Lichtbogen füllt das ganze Rohr aus und hat eine kleine Flächenhelligkeit. Erst allmählich erwärmt sich der Brenner, die Elektrodenspannung steigt, der leuchtende Dampf löst sich allmählich von der Rohrwand ab, bis er sich zuletzt zu einem intensiv leuchtenden Strange von einer Dicke von etwa 3 bis 5 mm in der Rohrmitte verdichtet.

Wie schnell sich die Lampe „einbrennt", d. h. wie rasch der endgültige Dampfdruck erreicht wird, hängt ab von der Differenz der dem Brenner durch den elektrischen Strom zugeführten und der in Form von Strahlung, Leitung und Konvektion abgegebenen Wärmemenge pro Sekunde. Indessen ist für eine genügende Wärmezufuhr während der Einbrennperiode in mehr als wünschenswertem Ausmaß gesorgt, wie folgendes Beispiel[1]) zeigt:

Der Brenner einer normalen 220 Volt - 3,5 Amp.-Gleichstromlampe der Q. L. G., ähnlich dem in Abb. 17, hat im stationären Zustande eine Elektrodenspannung von 180 Volt. Bei einer Netzspannung von 220 Volt erfordert er also einen Vorschaltwiderstand von

$$r = \frac{220 - 180}{3,5} = 11,4 \text{ Ohm.}$$

Im Augenblick des Kurzschlusses zwischen den Elektroden bei der Zündung würde dann die Stromstärke

$$i_1 = \frac{220}{11,4} = 19,3 \text{ Amp.}$$

sein und unmittelbar nach Trennung der Elektroden, da die Brennerspannung des kalten Brenners etwa 30 Volt beträgt, auf

$$i_2 = \frac{220 - 30}{11,4} = 16,7 \text{ Amp.}$$

sinken, von welchem Werte der Strom allmählich und erst nach Verlauf von mehreren Minuten auf den stationären Wert zurückgehen würde. Ein derartig hoher Anfangsstrom ist bei einer normal mit 3,5 Ampère brennenden Lampe mit Rücksicht auf Generatoren, Sicherungen usw. unangenehm. Setzt man etwa 10 Amp. als einen praktisch zulässigen Wert fest, so würde am Anfang ein Vorschaltwiderstand von

$$r = \frac{220 - 30}{10} = 19 \text{ Ohm}$$

nötig, der während des Einbrennens allmählich auf 11,4 Ohm zu reduzieren wäre. Eine solche der Theorie entsprechende Regulierung des Widerstandes wird in der Praxis auch manchmal angewendet. So z. B. verwendet die Q. L. G. bei einigen der älteren Lampentypen[2]) die von der Nernstlampe her übernommenen Eisenwiderstände („Glasvariatoren"), die eine sehr steile Charakteristik haben und infolgedessen bei übernormaler Stromstärke eine hohe Spannung aufnehmen. Die Widerstände bestehen aus dünnem Eisendraht, der durch ein Gerippe von feuerfestem Material so gestützt ist, daß er auf dem größten Teil seiner Länge frei liegt. Da Eisen an sich einen hohen Temperatur-(Widerstands-)Koeffizient hat und ein solcher Widerstand, wenn er einem Quarzbrenner vorgeschaltet ist, beim Anlassen der Lampe hoch belastet wird, so erhitzt sich der Draht dabei bis zur Rotglut und vergrößert dadurch seinen Widerstand auf

---

[1]) O. Bußmann, E.T.A. **25**, 799, 1908.
[2]) O. Bußmann, E.T.Z. **28**, 932, 1907.

mehr als das Vierfache. Um den Draht vor Oxydation zu schützen und die Wärme rasch abzuleiten (damit der Widerstand Spannungsschwankungen rasch folgen kann), ist er in luftdichte, mit niedrig gespanntem Wasserstoff gefüllte Glasgefäße eingeschlossen.

Die Einführung von gebrechlichen Vakuumapparaten in Gestalt solcher Eisenwiderstände wird bei einer Lampe, die oft durch ungeschultes Arbeitspersonal bedient werden soll, als unliebsame Komplikation empfunden. Man opfert dann lieber einen Teil der erreichbaren Wattökonomie zugunsten einer einfacheren Bauart und verringert die normale Brennerspannung, was auch in Hinsicht auf die kritische Spannung und die Fluktuationen des Netzes vorteilhaft ist. Wenn man z. B. in der eben erwähnten Lampe die Brennerspannung auf 160 Volt heruntersetzt, so kommt man ziemlich gut mit gewöhnlichen (Ohmschen) Widerständen aus. Denn man braucht dann für 220 Volt Netzspannung einen Vorschaltwiderstand von 60 : 3,5 = 17,2 Ohm, und die Anfangsstromstärke der kalten Lampe beträgt 220 : 17,2 = 12,8 bzw.

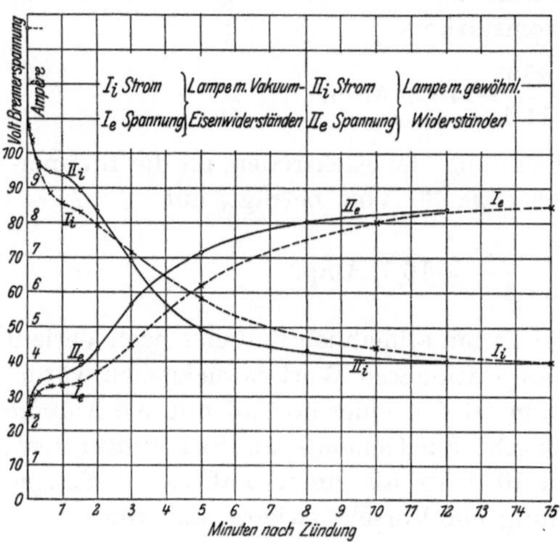

Abb. 12. Strom- u. Brennerspannung während der Einbrennperiode einer 4 Amp.-110 Volt-Lampe der Q. L. G. mit und ohne Vakuum-Eisenwiderstände.

190 : 17,2 = 11,1 Amp. Die Lampe brennt sich rascher ein, aber ihre Wirtschaftlichkeit ist geringer.

In Abb. 12 ist der Verlauf der Stromstärke und Brennerspannung einer älteren Type der 110 Volt-4 Amp.-Lampe der Q. L. G. dargestellt, und zwar sind die Kurven I_i, I_e mit 4 dem Brenner vorgeschalteten Vakuumeisenwiderständen, wie sie die reguläre Lampe (Abb. 25) enthält, aufgenommen, während in den Kurven II_i, II_e diese Variatoren durch gewöhnliche Ohmsche Widerstände ersetzt und letztere auf dieselbe Endstromstärke und Brennerspannung wie die der Kurven I_i, I_e eingestellt waren.

Neuerdings läßt die Q. L. G. die Eisenwiderstände weg und versieht ihre Lampe anstatt deren mit einem Strom-Relais. Der Brenner hat im Anfang einen großen Widerstand vorgeschaltet, nachdem er warm geworden und die Stromstärke auf einen gewissen Wert gesunken ist,

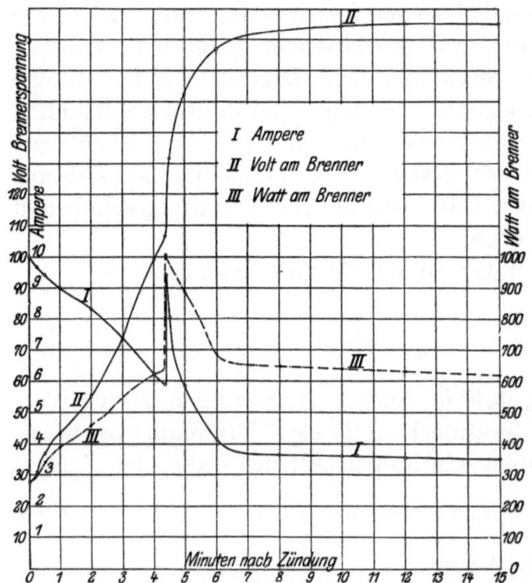

Abb. 13. Strom- u. Brennerspannung während der Einbrennperiode einer 4 Amp.- 110 Volt-Lampe der Q. L. G. mit Strom-Relais.

schließt ein automatischer Schalter einen Teil des Widerstandes kurz. Die Wirkung dieser Vorrichtung ist ohne weiteres aus den Kurven der Abb. 13 zu erkennen, die Einzelheiten der Relais-Konstruktion sind weiter unten beschrieben.

Der Umstand, daß die Brennerspannung durch den Dampfdruck bestimmt wird und die Quarzbrenner eine verhältnismäßig große Wärmekapazität haben, hat bei Schwankungen der Linienspannung ein zeitliches Zurückbleiben der Elektrodenspannung hinter der Stromstärke zur Folge.

ter der Stromstärke zur Folge. Die Änderung der beiden Größen läßt sich leicht an der statischen Charakteristik, d. h. der bei stationärem Dampfdruck aufgenommenen Kurve der Brennerspannung (e) und Stromstärke (i) verfolgen. Eine solche Kurve sei z. B. durch die Linie I, $e = f(i)$, der nebenstehenden Abbildung dargestellt. E bedeute die Linienspannung und die Gerade II repräsentiere die Charakteristik des Ohmschen Vorschaltwiderstandes, $r = \mathrm{tg}\,\alpha$. Bei einer gewissen Netzspannung und einem bestimmten Vorschaltwiderstande berechnet man e und i aus der Gleichung

$$(7) \qquad E = i\,r + f(i),$$

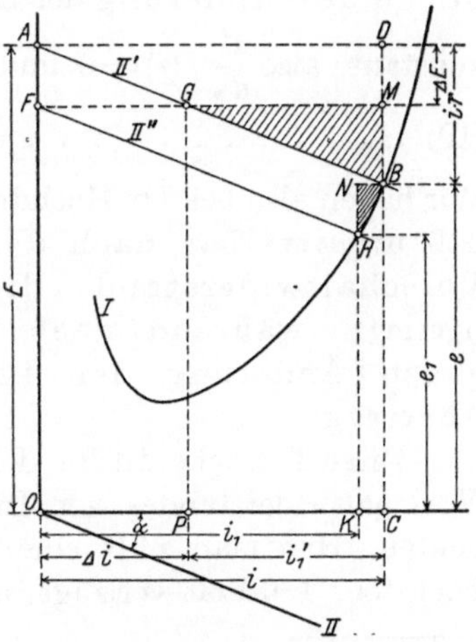

graphisch findet man sie, indem man im Punkte A $(\overline{OA} = E)$ die Gerade II' parallel zu II zieht und mit I zum Schnitt bringt.

Sinkt die Linienspannung plötzlich um $\Delta E = \overline{AF}$, so behält der

Abb. 14.

Brenner für den ersten Augenblick seinen früheren Dampfdruck und die ursprüngliche Elektrodenspannung e; die sich also momentan einstellende Stromstärke $i_1' = \overline{GM}$ findet man aus dem Dreieck GMB. Infolge der jetzt verminderten Wattbelastung geht der Dampfdruck allmählich zurück, schließlich sinkt die Elektrodenspannung auf den endgültigen Wert e_1 und die Stromstärke erholt sich auf i_1, welche Größen sich aus dem Schnittpunkt H der Linien I und der um ΔE heruntergeschobenen Widerstandsgeraden II'' ergeben.

Durch Differenzieren der Gleichung (7) nach di folgt

$$(8) \qquad \qquad \frac{dE}{di} = r + \frac{d}{di} f(i).$$

Bei den technisch in Betracht kommenden Quarzlampen ist der Vorschaltwiderstand auf das praktisch zulässige Minimum reduziert, während der Brenner auf einem sehr steilen Ast der statischen Charakteristik arbeitet, d. h. es ist $\frac{d}{di} f(i)$ gegenüber r sehr groß[1]), so daß wir in obiger Gleichung sehr annähernd

$$(9) \qquad \qquad dE = df(i)$$

setzen können, d. h. die Stromstärke und die vom Vorschaltwiderstande aufgenommene Spannung bleiben nach Einbrennen der Lampe praktisch konstant.

Dieses gilt jedoch nur für den endlichen Dampfdruck. Im Augenblicke der Änderung der Netzspannung bleibt die Brennerspannung konstant, also $\frac{d}{di} f(i) = 0$ und es ist dann aus Gleichung (8)

$$(10) \qquad \qquad dE = r\,di.$$

Wir haben also bei der Hochdrucklampe die eigentümliche Erscheinung, daß unmittelbar nach der Änderung der Netzspannung der Vorschaltwiderstand die ganze Spannungsdifferenz aufnimmt, während nach Einbrennen der Lampe sich die ganze Änderung der Linienspannung auf den Brenner überträgt.

Diese Tatsache ist in der Praxis bei der ersten Adjustierung des Vorschaltwiderstandes vor Inbetriebsetzung der Lampe wohl zu beachten. Hat man z. B. eine 3,5 Amp.- 220 Volt-Lampe, deren Brenner höchstens 180 Volt verträgt, und ist diese Lampe z. B. an eine Linien-

---

[1]) In der Charakteristik Abb. 5 ist z. B. bei der normalen Brennerspannung von 175 Volt

$$\frac{d}{di} f(i) = 502 \,\frac{V}{A}, \qquad r = 12{,}8 \text{ Ohm.}$$

spannung angeschlossen, die gewöhnlich 220 Volt beträgt, aber zeitweise auf 240 Volt steigt, so soll der Vorschaltwiderstand so eingestellt werden, daß die Lampe bei 220 Volt Linie nur 160 Volt am Brenner hat; denn, wenn die Linie um 20 Volt steigt, so wächst die Brennerspannung auf die maximal zulässige Höhe von 180 Volt. Wenn die Brennerspannung diesen Höchstwert um 10—20 Volt überschreitet, so brennt die Lampe unruhig, bei größeren Überspannungen erweicht entweder das Quarzglas an einer Stelle oder der Brenner explodiert.

Da eine plötzliche Verminderung der Netzspannung vorübergehend eine starke Verringerung der Stromstärke zur Folge hat und die augenblickliche Brennerspannung nahe der Linienspannung bringt, so kann es bei stark schwankender Netzspannung vorkommen, daß der Lichtbogen oft erlischt. Es soll daher eine jede Quarzlampe zur Ausgleichung momentaner Schwankungen mit einer Serieninduktanz versehen sein. Ohne Selbstinduktion in Reihe mit dem Lichtbogen sind Quarzlampen gegen Spannungschwankungen sehr empfindlich, obzwar sie infolge der sehr steilen Charakteristik, im Gegensatz zu den Niederdrucklampen, auch bei kleinen Stromstärken und ohne Induktanz noch betriebsfähig sind.

Der maximale prozentuale Abfall der Linienspannung, den eine Quarzlampe ohne zu erlöschen verträgt, ist nach obigen Ausführungen um so größer, je höher die Stromstärke, je größer die vorgeschaltete Selbstinduktion, je niedriger der Dampfdruck und je kleiner die Brennerspannung im Verhältnis zur Linienspannung ist. Hauptsächlich aus dem letzteren Grunde werden Quarzlampen für niedrige Stromstärken mit verhältnismäßig niedriger Brennerspannung betrieben. Die folgende Zusammenstellung von normalen Brennern der Q. L. G. mag einen Begriff davon geben, wie groß man die prozentuale Rückspannung $\left(\dfrac{E - e}{E}\right)$ in verschiedenen praktischen Fällen wählt.

Tabelle VI.
Normale Brenner der Q. L. G.

Normale Linienspannung, E Volt	Normale Stromstärke, i Amp.	Normale Lichtintensität (mit Klarglasglocke) HK☉	Maximale Brennerspannung, e Volt	$\dfrac{E-e}{E} \cdot 100$ Prozent
220	3,5	3000	180	18,2
110	6,0	2000	85	22,7
110	4,0	1200	85	22,7
220	2,5	1500	165	25,0
110	2,5	600	80	27,3
220	1,5	800	160	27,3

IV. Die Gleichstrom-Quarzlampe für Beleuchtungszwecke.

Eine der schwierigsten Aufgaben in der fabrikmäßigen Herstellung der Quarzbrenner ist die Art der Stromzuführung. Die meisten derzeit am Markt befindlichen Quarzbrenner haben die eingangs erwähnten eingeschliffenen Nickelstahlstifte. Die Idee dieser Schliffstellen scheint gleichzeitig und unabhängig von Küch[1]) und Steinmetz[2]) ausgegangen zu sein. Das zur Herstellung der Stifte verwendete Guillaumesche „Invar-Metall"[3]) ist eine Legierung von etwa 36% Nickel und etwa 64% Eisen. Solange es nicht über etwa 200° C erwärmt wird, hat es einen Ausdehnungskoeffizient von 0,000001 (pro Grad Cels.), also nahezu den des Quarzglases (vgl. S. 38). Unter stärkerer Hitze wächst der Ausdehnungskoeffizient bedeutend, vgl. Abb. 15, und die Schliffstelle springt.

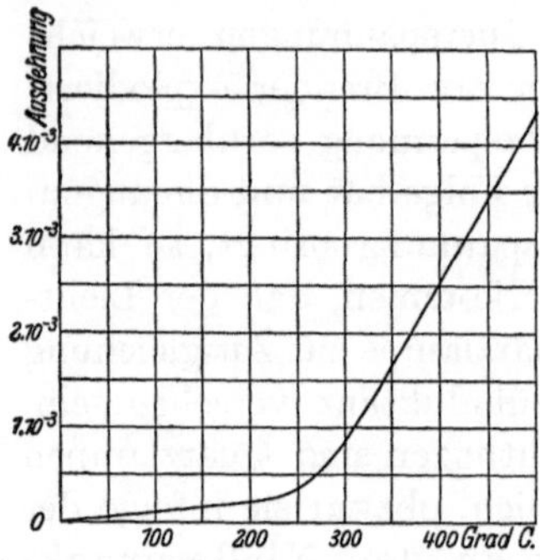

Abb. 15. Ausdehnungskoeffizient des Invar-Metalls.

Die typische Konstruktion derartiger Stromzuführungsstellen, wie sie auch schon auf S. 5 beschrieben wurden, ist aus den in Abb. 16 und 17 dargestellten Quarzbrennern ersichtlich. Der Nickelstahlstift ist schwach konisch gedreht und in ein Ansatzröhrchen der Elektrode sorgfältig eingeschliffen. Sein unteres Ende reicht in das Quecksilber des Polgefäßes, oben ist die Schliffstelle mit Quecksilber bedeckt und dieses gegen Luftzutritt und gegen Verschütten durch eine Schichte einer zementartigen Masse geschützt. Das obere Ende des Nickelstahlstiftes ist durch einen biegsamen, mittels Glasperlen isolierten Kupferdraht mit den Anschlußklemmen der Lampe verbunden. Der Kupferdraht ist entweder direkt an den Stift angelötet (Abb. 17a), oder es wird besser über das Ende des Ansatzröhrchens eine Metallkappe (Abb. 18b) oder ein Bügel (Abb. 19) geschoben und diese einerseits mit dem Stift, andererseits mit dem biegsamen Draht leitend verbunden.

Die Q. L. G. verwendet bei ihren neuen Brennertypen doppelte Schliffstellen, mit einem inneren und einem äußeren Konus und Quecksilber über jedem, Abb. 19.

---

[1]) R. Küch u. T. Retschinsky, Ann. d. Phys. **20**, 563, 1906.

[2]) C. P. Steinmetz, Am. Pat. N. 910.736 und 910.969, angemeldet 17. Nov. 1902, erteilt 26. Jan. 1909.

[3]) Ch. E. Guillaume, Les applications des aciers au nickel, Gauthier-Villars, Paris 1904.

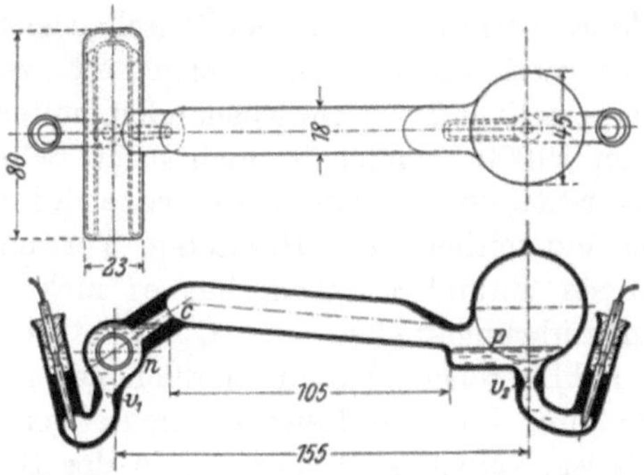

Abb. 16a, b. Älterer 3,5 Amp.- 220 Volt-Quarzbrenner der C. H. E. Co.

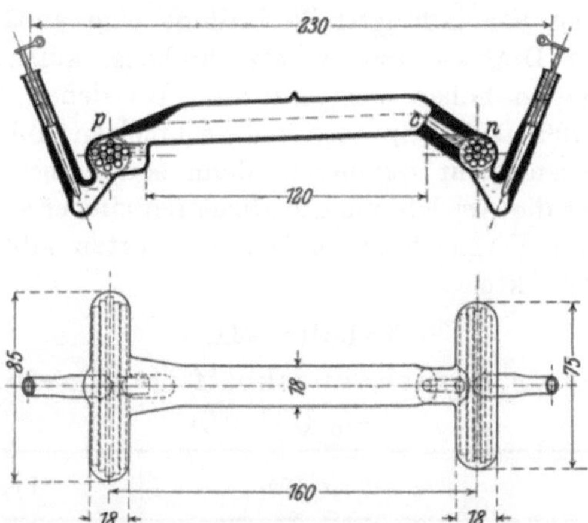

Abb. 17a, b. Ältere 3,5 Amp.- 220 Volt-Brenner der Q. L. G.

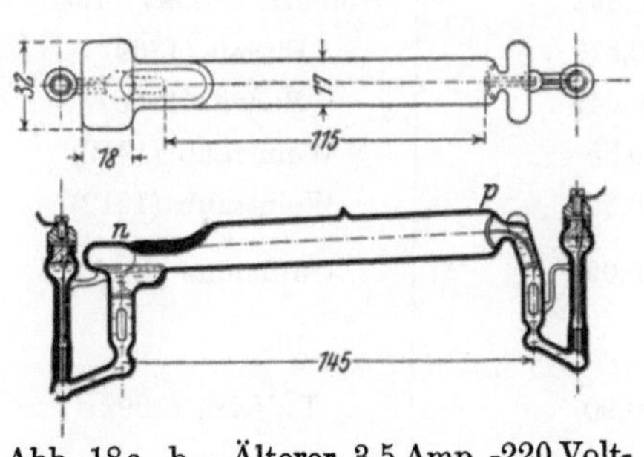

Abb. 18a, b. Älterer 3,5 Amp. -220 Volt-
Brenner der B. E. E. Co.

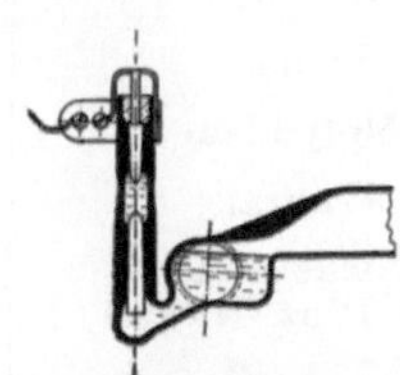

Abb. 19. Elektrode mit Stromzuführungsstelle der neuen Type
eines 3,5 Amp.- 220 Volt-Brenners
der Q. L. G.

Maßstab 1 : 4.

Die eingeschliffenen Nickelstahlstifte haben den Vorteil, daß, wenn der Brenner das Vakuum verloren hat, die Schliffstellen leicht auseinander genommen, gereinigt und wieder zusammengesetzt werden können. Wenn sachgemäß hergestellt und vorsichtig behandelt, halten sie sehr lange, eine Brenndauer von 10000 Stunden ist nichts sehr Seltenes.

Neben den Invar-Stiften, welche die Schwelle des Laboratoriums rasch überschritten und seither die verbreitetste Verwendung bei den marktfähigen Lampen gefunden haben, hat es nicht an Versuchen gefehlt, die Stromzuführungsstellen von Quarzbrennern zu vereinfachen. Denn die Schliffstellen sind empfindlich gegen Temperaturen von mehr als 140^0 C und springen deswegen leicht, wenn die Brennerspannung zu hoch ist; zudem sind sie teuer in der Herstellung.

Es ist naheliegend, zu versuchen, die stromführenden Drähte direkt in das Ansatzröhrchen der Elektrode einzuschmelzen. Die Dichtheit einer solchen Verbindungsstelle bedingt eine annähernd gleiche Ausdehnung des Drahtes und Ansatzröhrchens, außerdem soll der Metalldraht bei den hohen Temperaturen, bei denen Quarzglas bearbeitet wird ($1700—1800^0$ C), noch nicht schmelzen und soll sich auch beim Einschmelzen nicht oxydieren, denn sonst „benetzt" ihn das Glas nicht. Über die Ausdehnungskoeffizienten einiger schwer schmelzbarer Metalle im Verglcich zu einigen Glassorten gibt die folgende Tabelle Anhaltspunkte.

Tabelle VII.

Mittlerer linearer Ausdehnungskoeffizient α einiger Körper,
$$l_t = l_0 \ (1 + \alpha t).$$

Körper	$\alpha \cdot 10^5$	Beobachter
Platin Irridium (90 Pt. + 10 Ir.)	1,05	Le Chatelier (1889)
Platin	0,892	Holborn u. Day (1900)
Osmium	0,679	Fizeau (1869)
Iridium	0,649	Benoit (1888)
Molyddän	0,35	Weintraub (1912)
Wolfram	0,35	Weintraub (1912)
Nickelstahl (36,1 Proz. Nickel)	0,093	Guillaume (1897)
Crownglas stark brechend	0,90	Pulfrich (1892)
Jenaer Borosilikatglas 59 III	0,52	Scheel (1902)
Quarzglas	0,054	Henning (1907)

Die ersten Versuche in dieser Richtung stellen eine Art Kompromiß zwischen Einschleifen und Einschmelzen der Drähte dar, sie beruhen auf einer Art „Nietung" der Stromzuführungsstelle. So war nach einer von der W.C.H.Co. und der B.E.E.Co. früher verwendeten Methode das Ansatzröhrchen der Elektrode an einer Stelle zu einer Kapillaren verengt, durch diese ein Pt- oder Ir-Draht gezogen und an beiden Enden zu einem Klümpchen verschmolzen (Abb. 18b). Die Abdichtung beruht darauf, daß das Metall beim Schmelzen in die ein wenig konisch erweiterten Enden der Kapillare fließt und sich beim Erkalten zusammenzieht[1]). Das obere Ende des Ansatzröhrchens war mit Quecksilber und Zement ähnlich einer Schliffstelle bedeckt. Bastian schlägt auch vor, das äußere Ende des Ansatzröhrchens so enge (etwa 2 mm) zu machen, daß das die Einschmelzstelle bedeckende Quecksilber darin durch Kapillarkraft gehalten wird, auch wenn die Röhre umgekehrt wird. Als Material der Einschmelzdrähte empfiehlt Bastian[2]) eine Legierung von 90% Pt und 10% Ir und als geeignetste Dicke [der Drähte 0,3 mm bei 3,5 Amp. Belastung. Infolge der ungleichen Ausdehnung des Drahtes und Quarzes traten starke Spannungen in der Niete auf und die Stromzuführungsstelle hielt selten länger als 300 Brennstunden.

Kent und Lacell versuchten diese Methode durch Anwendung eines Metalles von kleinerem Ausdehnungskoeffizienten zu verbessern. Als solches schlagen sie Molybdän vor[3]). Dieses Metall besitzt auch (wie Wolfram) ein viel größeres elektrisches und Wärmeleitungs-Vermögen als Platin, so daß es bei gleichen Stromstärken einen 2,5—3,5mal kleineren Querschnitt wie Platin verträgt, was der Abdichtung sehr hilft.

Das Ansatzröhrchen wird an der Einschmelzstelle auf beinahe den Drahtdurchmesser eingeengt — die Drahtdicke beträgt etwa 0,4 mm für 3,5 Amp. —, der Molybdändraht durchgezogen und zur Vermeidung der Oxydation unter Vakuum eingeschmolzen. Infolge der Verschiedenheit der Ausdehnungskoeffizienten von Molybdän und Quarz hält die Einschmelzstelle nicht ganz luftdicht, sondern muß wie die Schliffstellen mit Quecksilber und Zement abgeschlossen werden.

Diese Methode scheint besser zu sein als die Nietung und ist gegen höhere Temperaturen nicht so empfindlich wie die Nickelstahlstifte, ausreichende praktische Erfahrungen damit liegen mir jedoch nicht vor.

Eine viel vollkommenere, im Prinzip bereits früher bekannte, aber erst von Weintraub[4]) praktisch ausgearbeitete Methode ist die

[1]) C. O. Bastian, aufgelassenes Brit. Pat. Nr. 21.383, 1905.
[2]) C. O. Bastian, U. S. Pat. Nr. 982.119, vom 17. Jan. 1911.
[3]) H. A. Kent u. H. G. Lacell, Brit. Pat. Nr. 24.482 vom 3. Nov. 1911.
[4]) El. World 60, 373, 1912.

Anwendung mehrerer Ringe verschiedener Einschmelzgläser, deren Ausdehnungskoeffizient von dem sehr kleinen des Quarzes bis zu dem des Drahtes abgestuft ist. Bei Platin wird der Draht wie bei gewöhnlichen Vakuumapparaten mit Bleiglas umsponnen, dieses an ein anders zusammengesetztes Glas von etwas kleinerem Expansionskoeffizienten eingeschmolzen, daran ein Ring von Glas mit höherem SiO_2-Gehalt, dessen Ausdehnungskoeffizient noch kleiner ist, angesetzt und so fort, bis der letzte Ring von beinahe reinem SiO_2 und einer Ausdehnung nahezu gleich der des amorphen Quarzes, direkt an das Quarzglas angeschmolzen werden kann. Die Zahl der erforderlichen Stufen wäre etwa 8—10. Um diese zu vermindern, verwendet Weintraub nicht Platin, sondern Wolframdrähte, die einen kleinen Ausdehnungskoeffizient haben und in ein besonderes Borosilikatglas von derselben Ausdehnung eingeschmolzen sind. Zur Verbindung dieses mit dem Quarzglas dienen drei Zwischenstufen. Die Methode ist bei der G. E. Co. in Verwendung.

Die einzige, meines Wissens nach praktisch bewährte Art des direkten Einschmelzens von Metalleitern in Quarzglas ist die von der C. H. E. Co. benützte, die auf einem anderen Prinzip als die bisher beschriebene beruht, über deren Einzelheiten hier aber kein Aufschluß gegeben werden kann.

Kühlung
der Elek-
troden.   Die Kühlung der Elektroden wird bei allen praktisch benützten Quarzbrennern durch Wärmestrahlung und Konvektion der vergrößerten Oberfläche der Polgefäße erzielt.

Man gibt z. B. den Elektrodengefäßen eine walzenförmige Gestalt wie bei den Brennern der Q. L. G., Abb. 17, und schiebt Metallrippen aus Kupferblech darüber[1]). Diese Anordnung hat den Vorteil, daß man die strahlende Oberfläche durch Zusammenbiegen oder Weglassen einiger Rippen leicht verkleinern und damit den Dampfdruck und die Stromstärke des fertigen Brenners einigermaßen regeln kann. Die Blechstreifen können zugleich zur Befestigung des Brenners an einen Metallreflektor dienen.

Eine zweite Art der Kühlung beruht in einer Erweiterung in dem Dampfraum außerhalb der Strombahn[2]), wie an der positiven Elektrode des in Abb. 16 wiedergegebenen Brenners der C. H. E. Co. Diese Kühlkammer hat den Vorteil eines vergrößerten Volumens, so daß das Vakuum sich nicht so schnell verschlechtert und außerdem ein Raum da ist, wohin die Fremdgase in dem heißen Brenner abgeschoben werden können.

---

[1]) W. C. Heraeus, D. R. P. Nr. 153.687 vom 19. Jan. 1904.
[2]) P. Cooper Hewitt, U. S. P. Nr. 682.695 u. 682.696 vom 17. Sept. 1901.

Die Biegungen und Ausbauchungen der Quarzbrenner müssen Schutz gegen Quecksilberschlag. gegen den harten Anprall des Quecksilbers beim Transport oder bei unvorsichtiger Handhabung geschützt werden. Denn obzwar Quarzglas gegen plötzliche Temperaturänderungen ganz unempfindlich ist, ist seine mechanische Festigkeit kaum größer als die gewöhnlichen Glases. Um die Stoßkraft des Quecksilbers zu brechen, werden die walzenförmigen Polgefäße entweder mit Bruchquarz vollgepackt oder mit dünnen an beiden Enden offenen oder einseitig geschlossenen Röhrchen gefüllt[1]) (Abb. 17). Eine zweckmäßige Anordnung der Polgefäße ist auch die in Abb. 16[2]), wodurch nicht nur die Menge des notwendigen Quecksilbers verringert und die Festigkeit des Brenners erhöht, sondern auch die wärmestrahlende Oberfläche vergrößert wird.

Die Biegungen der Ansatzröhrchen der Stromzuführungsstifte können durch kleine Ventile aus Quarzglas (Abb. 18b), deren Bewegung begrenzt ist und die den Durchgang des elektrischen Stromes nicht hindern, gegen Anprall des Quecksilbers geschützt werden. Einfacher, allerdings nicht so wirksam sind Verengungen v_1, v_2, Abb. 16. Die beste Vorsichtsmaßregel ist jedoch eine sachgemäße Verpackung der Brenner.

An der Stelle, wo der Strom aus der positiven Elektrode austritt, ist bei Quecksilberanoden die Leuchtröhre verengt, um ein Flackern des Lichtes durch Umherwandern der anodischen Strombasis zu verhüten.

Die gegenwärtig am Markte befindlichen Quarzlampen werden wie Automatische Zündung. andere Bogenlampen mittels Kontakt der Elektroden gezündet; diese Methode ist für Quecksilberlampen so kleiner Elektrodendistanz die bei weitem einfachste und sicherste. Da die verhältnismäßig großen Lichteinheiten und das konzentrierte Licht der Quarzlampe größere Aufhängungshöhen bedingen, muß die Zündung meist selbsttätig erfolgen. Nur einige extra für niedrige Räume entworfene lichtschwächere Typen, ferner die meisten für Laboratorien und für industrielle Zwecke dienende Quarzbrenner werden durch Kippen von Hand aus angelassen.

Es treten zwei verschiedene Prinzipien der Kontaktzündung auf:

a) In der Ruhelage des Brenners sind die beiden Elektroden kurz geschlossen und werden zur Zündung getrennt.

b) In der Brennlage sind die Elektroden getrennt und werden bei der Zündung vorübergehend in Berührung gebracht.

Die Methode a) führt zu den denkbar einfachsten Konstruktionen, aber sie ist nur bei kurzen Brennern und bei automatischer Zündung

---

[1]) W. C. Heraeus, D. R. P. Nr. 225.945 vom 24. Juni 1909.
[2]) J. Pole, U. S. P. angem.

zu empfehlen. Die Trennung der Elektroden kann z. B. selbsttätig durch Drehung des Quarzbrenners mittels der in Reihe mit dem Brenner geschalteten, als Kippmagnet ausgebildeten Beruhigungsinduktanz erfolgen.

Um dieselbe Zündart bei unbeweglichem Brenner durchzuführen, kann man ihn mit einer Heizspirale versehen. Der Heizkörper tritt nur bei der Zündung in Wirksamkeit und erhitzt das Quecksilber, in der Regel an einer verengten Stelle des Leuchtrohres, bis zur Verdampfung, wodurch sich ein kurzer Lichtbogen bildet und der Dampfdruck das Quecksilber in die Polgefäße zurücktreibt und es dort hält, solange die Lampe unter Strom ist.

Die unter b) angeführte Kontaktzündung ist die verbreitetere. Sie eignet sich für kurze und längere Brenner, für automatische und von Hand gezündete. Das Kippen erfolgt in der Regel mittels eines Nebenschlußelektromagnets, dessen Stromkreis in dem Augenblicke des Kontaktes der Elektroden durch ein Hauptstromsolenoid unterbrochen wird. Die Schaltung des Kippmagnets läßt verschiedene andere Variationen zu, die alle auf dasselbe hinauslaufen. Hierher gehört auch die eingangs erwähnte Zündung der ursprünglichen Küchschen Lampe, bei der der Kontakt| der Elektroden| bei ortsfestem Brenner durch Anheizen einer Elektrode und dadurch hervorgerufene Ausdehnung des Quecksilbers bis zur Überbrückung der Elektrodendistanz erfolgte.

110V.-3,8A.- Eine der einfachsten automatischen Quarzlampen und vielleicht
Lampe der
C.H.E.Co. aller Bogenlampen ist die in Abb. 20a, b dargestellte „Type Y" der C. H. E. Co. für 110 Volt 3,8 Amp. Der Brenner b mit zwei lateralen Polgefäßen[1]) ist mittels eines Aluminiumblechstreifens an einen weißemaillierten Eisenreflektor c befestigt, der in dem Träger s drehbar gelagert ist, und hängt in der Ruhelage mit dem negativen Ende tief, so daß das Quecksilber die Elektrodendistanz überbrückt. Ein zweiter Aufhängepunkt des Reflektors ist mittels einer Zugstange z mit dem beweglichen Anker a eines Elektromagnets m verbunden. m dient sowohl zum automatischen Kippen als auch als Beruhigungsinduktanz für den Lichtbogen. Um plötzliche Stöße zu dämpfen, ist ein Luftkatarakt e, ähnlich wie bei Bogenlampen, mit a gekuppelt.

Wenn die Polarität der Anschlußdrähte an den Klemmen k_1, k_2 beim Installieren verwechselt oder die Polarität des Netzes umgekehrt würde, würde der Brenner mit falscher Polarität gezündet und dadurch ruiniert werden. Um das zu verhüten, kann an dem Elektromagnet ein

---

[1]) In derselben Lampe wurde auch ein Brenner mit Kühlkammer am positiven Ende, ähnlich dem in Fig. 4b abgebildeten, benützt.

selbsttätiger Sperrmechanismus[1]) vorgesehen werden, bestehend aus einem kleinen ⌐⌐-förmigen permanenten Magnet x_1, x_2, der um die Achse o, o drehbar und durch die Messingklammer y in seinem Ausschlag be-

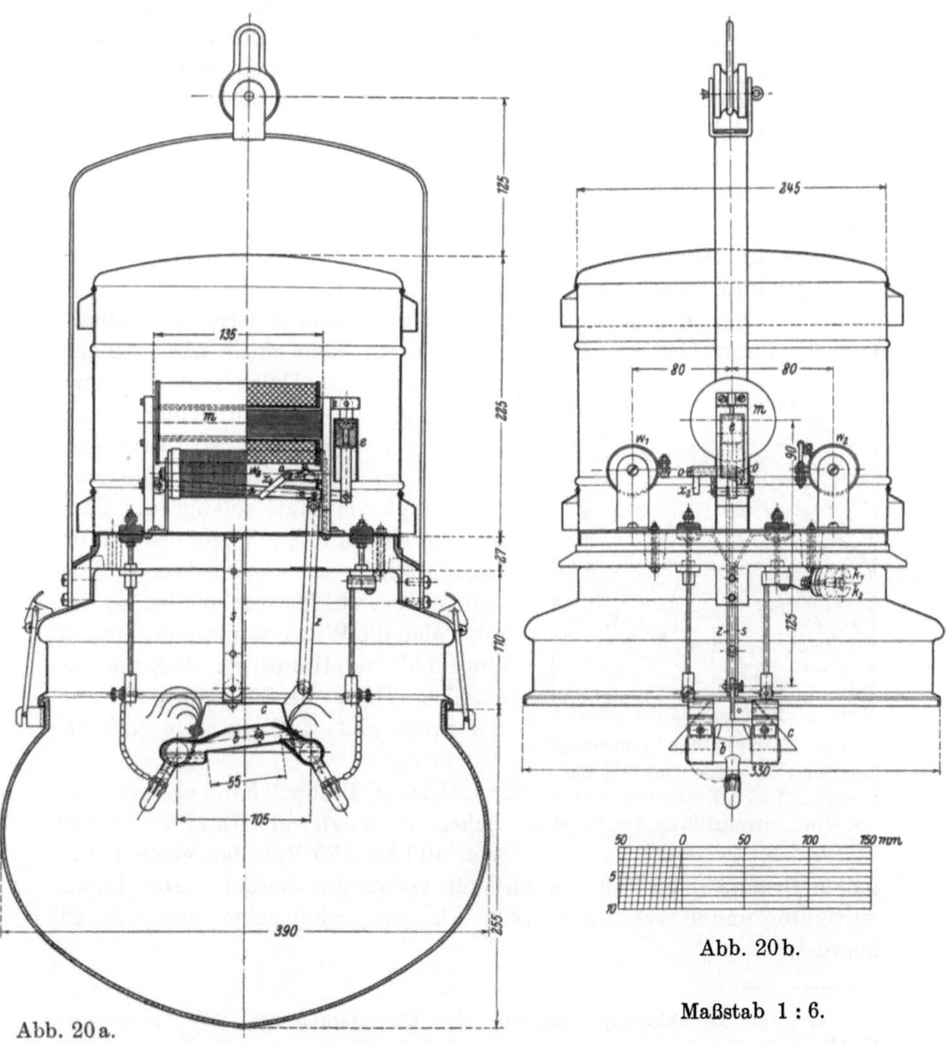

Abb. 20 a.

Abb. 20 b.

Maßstab 1 : 6.

110 Volt- 3,8 Amp.-Quarzlampe (Type „Y") der C. H. E. Co.

grenzt wird. Wenn die elektrische Polarität richtig ist, dreht sich der permanente Magnet mit x_1 nach aufwärts und läßt dem Anker freies

---

[1]) J. Pole, U. S. P. angem.

Spiel; ist aber die Polarität verkehrt, so dreht sich x_1 nach abwärts und sperrt a, so daß der Brenner nicht kippen kann.

Zur Einstellung der richtigen Brennerspannung dient ein Reihenwiderstand auf zwei Porzellanspulen w_1, w_2 von denen eine einen Gleitkontakt und eine Schmelzsicherung trägt. Eine abhebbare Schutzdecke und Glasglocke, letztere zur Verhinderung der zu starken Abkühlung des Brenners und zur Absorbierung der dem Auge schädlichen ultravioletten Strahlen, vervollständigen die Ausrüstung.

Brenner, Solenoid m und Widerstände w_1, w_2 sind alle in Reihe geschaltet. Beim Schließen des Lampenschalters wird m magnetisiert, zieht den Anker a an und dreht den Brenner in seine Brennlage, wodurch der Kontakt zwischen den Elektroden unterbrochen und der Lichtbogen gezündet wird.

Wenn der Kippmechanismus aus irgendeinem Grunde festsitzt, wäre die Lampe bei kurzgeschlossenen Elektroden einem übermäßigen Strom ausgesetzt. Dafür ist die Schmelzsicherung an der einen Widerstandsspule vorgesehen und so bemessen, daß sie gerade den vollen Anlaßstrom der Lampe verträgt, solange die Porzellanspule kalt ist. Wenn jedoch die Lampe ohne zu zünden unter dem vollen Kurzschlußstrom bleibt, so erhitzt sich die Widerstandsspule binnen einer halben Minute so, daß die zusätzliche Hitze die Sicherung, die auf der Spule glatt aufliegt, zum Schmelzen bringt.

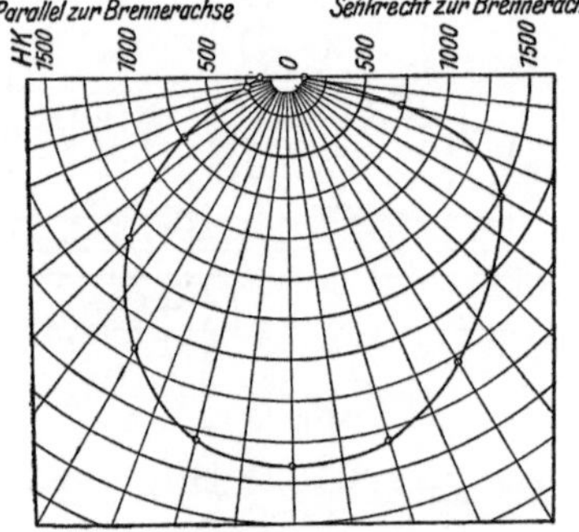

Abb. 21. Kurven der Lichtverteilung der „Y-Lampe" der C.H.E.Co. Klarglasglocke, Brennerspannung 85 Volt, Stromstärke 3,8 Amp.

Die „Y-Lampe" kann ohne zusätzlichen Vorschaltwiderstand für Netze von 100 bis 125 Volt bei einer maximalen Brennerspannung von 85 Volt verwendet werden. Die Lichtverteilung und Kerzenstärke (mit Klarglasglocke) gehen aus Abb. 21 hervor[1]).

---

[1]) Nach Drucklegung kam mir eine Quarzlampe des Etablissement Gallois, Paris, zu Gesicht, welche eine ähnliche Zündung wie die Y-Lampe hat. Der Brenner, sonst ähnlich denen der Q. L. G., hat zwei zylindrische Polgefäße, von denen das negative nahezu koaxial mit dem Leuchtrohr, das positive aber rechtwinklig dazu gestellt ist. In der Ruhelage steht das positive Polgefäß aufrecht und ist halbleer, so daß das Quecksilber beide Elektroden überbrückt. Zur Zündung wird der Brenner mittels eines Hauptstrommagnets um die Rohrachse etwa 40^0 gedreht, so daß das positive Gefäß horizontal zu liegen kommt und das Quecksilber aus dem Leuchtrohr dahin zurückweicht.

Eine andere Konstruktion, bei der die Elektroden in stromlosem Zustande kurzgeschlossen sind und beim Zünden selbsttätig getrennt werden, die aber sonst durchaus eigenartig und sehr interessant ist, ist die von Kent und Lacell[1]) erfundene und von der W. C. H. Co. zum Einzelanschlusse an 500 Volt G. S. als „Z5-Type" gebaute Lampe.

500 V.-
1,5 A.-
Lampe der
W. C. H. Co.

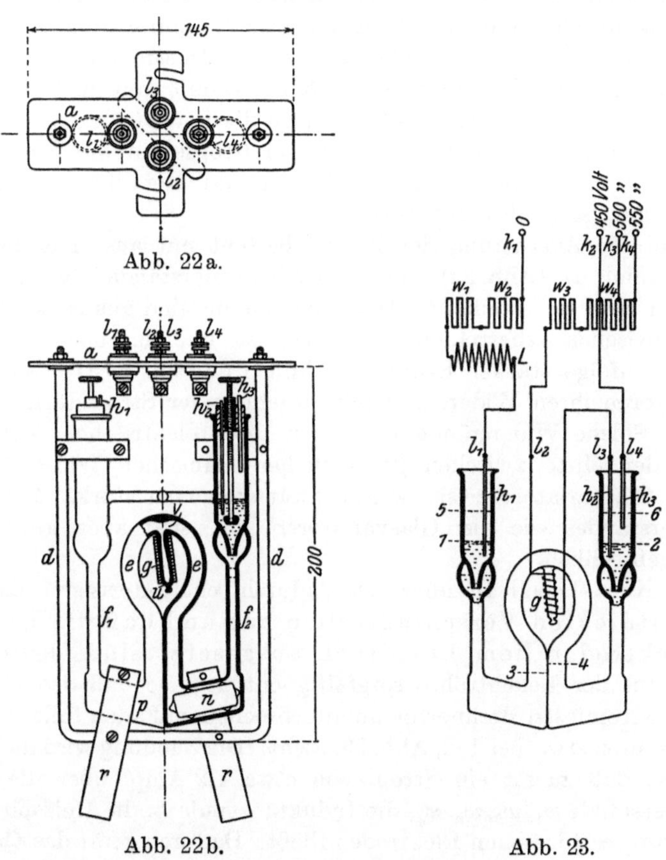

Abb. 22a.

Abb. 22b.   Abb. 23.

500 Volt-1,5 Amp.-Lampe der W. C. H. Co.
Abb. 22a, b. Brenner (Maßstab 1:4).   Abb. 23. Schaltplan der Lampe.

Der Brenner, Abb. 22, zeigt ein beinahe kreisförmig gekrümmtes Leuchtrohr e, das in zwei vertikalen Schenkeln endigt. An diese sind unten zwei symmetrische aneinanderstoßende und in der Mitte nur durch eine dünne Scheidewand getrennte Polgefäße p, n angesetzt, jedes mit einem lotrechten Steigrohr f_1, f_2 in die Stromzuführungsdrähte

---

[1]) H. A. Kent und H. G. Lacell, Brit. Pat. Nr. 14.587, vom 20. Juni 1911.

h_1, h_2, h_3 aus Nickel eingehängt sind. Das Leuchtrohr hat in der Mitte eine Verengung v und daran ein kleines Röhrchen u mit einer darüber geschobenen Heizspirale g ähnlich den Heizkörpern in Nernstlampen. An den Polgefäßen sind Radiatoren aus Kupferblech r, r angebracht.

Der Brenner ist vertikal in einem Messingrahmen, an dem auch drei isolierte Anschlußklemmen angebracht sind, montiert und stationär in dem Unterteil des Lampengehäuses befestigt. In stromlosem Zustand füllt das Quecksilber die ganze Leuchtröhre. Damit es beim Umkehren nicht herausfließen und keine Luftblasen in die Leuchtröhre eindringen können, werden für den Transport Gummistöpsel in die Steigrohre eingeschoben und mittels Schraubenbolzen und Metallkappen in der Mündung der Steigrohre festgehalten.

Die übrige Ausrüstung der Lampe besteht nur aus einer Selbstinduktionsspule L, (Abb. 23) und drei Reihenwiderständen w_1, w_2, $w_{3,4}$, von denen einer unterteilt ist. Die Widerstände sind aus Nickeldraht, der flach zwischen Asbestfäden eingewoben ist, und sind hoch belastet, so daß sie infolge starker Erhitzung ähnlich den auf S. 31 erwähnten Glasvariatoren ihren Widerstand mit zunehmender Stromstärke rasch erhöhen. Solche Widerstände stehen in ihrer elektrischen Wirkung etwa in der Mitte zwischen gewöhnlichen Ohmschen Widerständen und den Glasvariatoren; sie weisen zwar keine so starke Zunahme des Widerstandes wie die Glasvariatoren auf, sind aber auch viel weniger gebrechlich.

Der Kent-Lacell-Brenner ist dadurch charakterisiert, daß er **keine luftdichten Verschlußstellen hat und daß die Quecksilberelektroden dem Luftdruck ausgesetzt sind.** Jedoch ist die Luft aus der Leuchtröhre sorgfältig entfernt, so daß das Quecksilber den stromlosen Brenner in ununterbrochenem Faden füllt und in den Steigrohren etwa bei 1, 2, Abb. 23, steht. Die Zündung wird dadurch eingeleitet, daß zuerst ein Strom von etwa 1,2 Amp. über die Vorschaltwiderstände w_1, w_2, w_3, w_4, die Induktanzspule L, die Heizspirale g und die kurzgeschlossenen Elektroden fließt. Dadurch gerät das Quecksilber in dem Ansatzröhrchen u bald ins Kochen, die aufsteigenden Dampfbläschen trennen den Kontakt der Elektroden in der Verengung v und es entsteht ein kurzer Lichtbogen, der sich schnell ausdehnt. Mit zunehmendem Dampfdruck wird das Quecksilber aus dem Leuchtrohr in die Steigrohre gepreßt, bis sich endlich zwischen dem inneren Überdruck und dem Atmosphärendruck Gleichgewicht einstellt. Bei der normal brennenden Lampe steht das Quecksilber im Leuchtrohr etwa bei 3, 4 und in den Steigröhren bei 5, 6. Die Druckdifferenz hängt von der Brennerspannung und der Wärmestrahlung ab und beträgt bei 320 Volt zwischen Elektroden etwa 120 mm. Wenn das Quecksilber in dem Steigrohr f_2 eine gewisse Höhe erreicht hat, macht es Kontakt mit dem Draht h_3 und schließt so die Heizspirale kurz.

Eine andere Merkwürdigkeit dieser Lampe ist, daß der Brenner ganz symmetrisch gebaut ist und daher keine Polarität hat. Da die Elektrodengefäße und die Schenkel des Leuchtrohres dicht aneinander stoßen, findet zwischen ihnen ein so vollkommener Wärmeausgleich statt, daß sich Verdampfung und Kondensation an den Elektroden von selbst regeln und keine Gefahr besteht, daß sich eine Elektrode dauernd entleert. Außerdem wirken auch die vertikalen Schenkel des Leuchtrohres bei der Regulierung der Verdampfung mit. Wenn sich nämlich eine der Elektroden anzufüllen beginnt, so entfernt sich dadurch die betreffende Strombasis von dem übrigen Quecksilber in dem Polgefäß, der Wärmeausgleich zwischen beiden verschlechtert sich und eine stärkere Verdampfung an der betreffenden Elektrode ist die Folge.

Nach Angaben der Erzeuger eignet sich die Lampe zum Anschlusse an Netze von 450 bis 600 Volt und entwickelt bei einer Stromaufnahme von 1,5 Amp. 2500 HK $_\circ$.

Die Lampe ist sicher von idealer Einfachheit, was die Ausrüstung anbetrifft, hat keine beweglichen Teile, keine heiklen Schliffstellen und ist von der Polarität unabhängig. Andererseits scheint sie empfindlich gegen Spannungsschwankungen der Linie und gegen den Transport zu sein. Auch geschieht es leicht, daß sich im Laufe des Betriebes ein Gasbläschen in der Leuchtröhre bildet, den Kontakt zwischen den Elektroden verhindert und dadurch die selbsttätige Zündung unmöglich macht. Es ist auch nicht unwahrscheinlich, daß Quecksilberdämpfe austreten und durch Bildung eines gelblichen Niederschlags von Quecksilberoxyd an der Glasglocke die Lichtstrahlung verringern.

In der zweiten Gruppe möchte ich jene Quarzlampen zusammenfassen, die nach dem auf S. 41 unter b) angeführten Prinzip zünden. Die Ruhestellung des Quarzbrenners ist bei diesen Typen identisch mit seiner Brennlage, und die Elektroden werden nur für einen Augenblick bei der Zündung in Kontakt gebracht.

Als Beispiel einer solchen Konstruktion möge zunächst die „Metalfalampe", eine Type der Q. L. G. für kleinere Lichteinheiten, beschrieben werden. Der Brenner b, Abb. 24, hat nach Art anderer derselben Firma, zwei laterale Polgefäße p, n mit einigen übergeschobenen Kupferrippen zur Vergrößerung der wärmestrahlenden Oberfläche. Die Schliffstellen sind doppelt gedichtet durch einen inneren und einen äußeren Nickelstahlstift. Je eine Klammer an den beiden Polgefäßen hält den Brenner an einem einfachen Reflektor c aus weißemailliertem Eisen fest. Dieser wieder ist drehbar in dem Gußeisensupport s gelagert. Der übrige Lampenapparat ist auf einer gußeisernen Platte montiert

und besteht aus dem Elektromagnet m_2 mit einem auf und ab beweglichen, mit der Zugstange z gekuppelten Eisenstab a, drei Porzellan-
widerstandsspulen w_1, w_2, w_3 und einer Serieninduktanz m_1, die einen
Ausschalter u betätigt. m_1 ist mit blankem Aluminiumdraht und Asbest
zwischen den einzelnen Lagen gewickelt.

Die Schaltung ist ganz ähnlich der in Abb. 25d (einer anderen
Lampe). Beim Schließen des Lampenschalters erhält zuerst der
Nebenschlußmagnet m_2 Strom, zieht den Plunger an und bringt

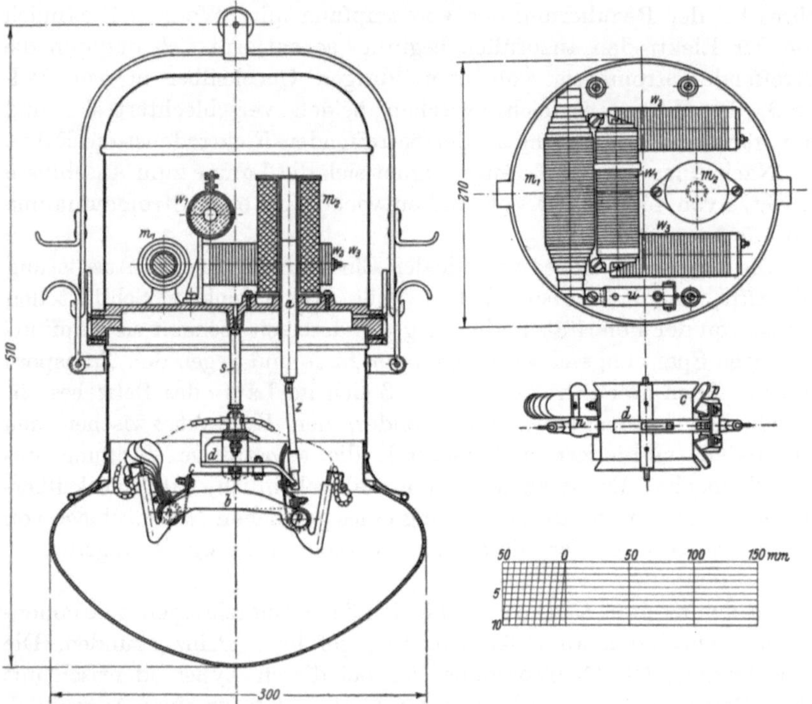

Abb. 24 a, b, c.   220 Volt- 1,5 Amp.-„Metalfa-Lampe" der Q. L. G.   Maßstab 1 : 6.

durch Neigen des Brenners die beiden Quecksilberelektroden in Kontakt. Darauf unterbricht der Hauptstrommagnet m_1 den Nebenschluß-
stromkreis bei u, so daß der Brenner mit gezündetem Lichtbogen in
seine ursprüngliche Lage zurücksinkt.

Gewissermaßen als Gegenstück zu der eben beschriebenen möchte
ich die in Abb. 25a—c dargestellte 110 Volt-4 Ampère-Lampe (ältere
Armaturbauart) derselben Firma erwähnen. Der Brenner, in ähnlicher Type hier bereits früher besprochen, trägt auf den lateralen

Polgefäßen zwei Reihen Radiatoren und ein auf einem der Blechstreifen angebrachtes Gegengewicht zum Ausbalancieren. Als Halter für den Brenner dient ein Metallrückgrat d, an dem auch ein Porzellanreflektor c befestigt ist und das in zwei Zapfen in den am unteren

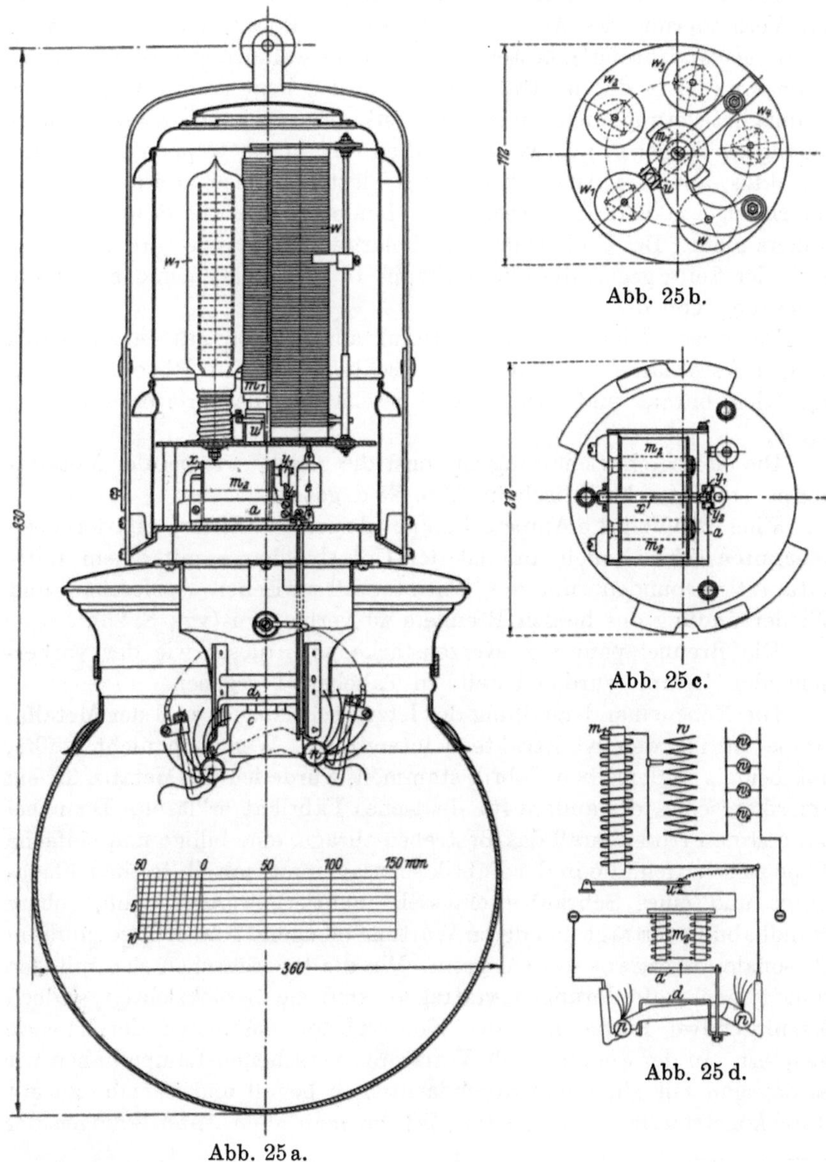

Abb. 25 b.

Abb. 25 c.

Abb. 25 d.

Abb. 25 a.

110 Volt- 4 Amp.-Lampe (mit älterer Armatur) der Q.L.G.　Maßstab 1:6.

Teil des Gehäuses angebrachten Stützen ruht. In dem mittleren ventilierten Teil des Lampengehäuses, das den unteren, starker Hitze ausgesetzten Teil der Lampe von dem oberen, kühl zu haltenden trennt, ist zwischen zwei Metallplatten ein zweispuliger Nebenschlußmagnet m_2 mit einem beweglichen Anker a zum Kippen des Brenners montiert. Zur Verhinderung des Anlassens bei falscher Polarität dient eine Verriegelungsvorrichtung[1]), bestehend aus einem stabförmigen permanenten Magnet x (der in der neutralen Zone von m_2 liegt und deswegen einer Ummagnetisierung nicht ausgesetzt ist), ferner einem beweglich aufgehängten Riegel y_1 aus weichem Eisen, der in ein treppenförmig ausgezacktes, auf dem Anker befestigtes Plättchen y_2 eingreift. y_1 hängt bei richtiger Polarität lotrecht und hindert dann die Bewegung des Ankers nicht. Bei Umkehrung der Polarität der Lampe wird jedoch y_1 nach der Seite gegen die obere Treppe in y_2 getrieben und sperrt die Bewegung von a.

Das obere Gehäuse faßt eine Induktanzspule m_1 mit einem selbsttätigen Ausschalter u für den Nebenschlußkreis, eine Rheotanspule w mit Gleitkontakt und vier parallel geschaltete Glasvariatoren w_1, w_2, w_3, w_4.

Die elektrische Schaltung ist sonst die gleiche wie bei der Metalfalampe und ist schematisch in Abb. 25 d gezeigt.

Eine 220 Volt-3,5 Ampère-Lampe derselben Firma ist der eben genannten sehr ähnlich, nur ist der Unterbrecher u mit einem Luftkatarakt verbunden, um das Zeitintervall zwischen Auslöschen und Wiederzündung des heißen Brenners zu verlängern (vgl. S. 26).

Die Brennerspannung, Kerzenstärke usw. dieser wie der vorhergehenden Lampe wurden bereits in Tabelle VI gegeben.

Die Nebeneinanderstellung der letztbeschriebenen und der Metalfalampe ist für den Konstrukteur interessant. Wenn ich nicht wüßte, daß beide von derselben Fabrik stammen, würde ich die Metalfa für ein amerikanisches, die andere für deutsches Fabrikat erklären. Denn bei der ersteren tritt überall das Bestreben zutage, eine billige und einfache Type zu schaffen, die in der Fabrik sozusagen nur mit Hilfe einer Flachzange und eines Schraubenschlüssels montiert werden kann, rohere Handhabung verträgt und deren Wartung demgemäß auch ungeschultem Personale anvertraut werden kann. Wo die theoretischen sich mit den praktischen Anforderungen vertragen, sind sie berücksichtigt, jedoch ist nirgendwo Einfachheit der Konstruktion zugunsten der Theorie geopfert. In der anderen, mit Variatoren versehenen Lampe haben wir es dagegen mit einer fein durchdachten, liebevoll und beinahe zu gut durchkonstruierten Type zu tun, bei der man allen Anforderungen der

---

[1]) Q. L. G., D. R. P. Nr. 206.351 vom 11. März 1908.

Theorie gerecht geworden ist und die Ökonomie aufs höchste getrieben hat, oft mit Hintansetzung einer in der Praxis wünschenswerten robusteren Konstruktion.

In der letzten Zeit baut die Q. L. G. die Armaturen Abb. 25 ohne Glasvariatoren und verwendet zur Verringerung eines zu hohen Anlaßstromes ein Relais[1]) (vgl. S. 32), bestehend aus einem kleinen Elektromagnet m_3 mit beweglichem Anker h und Kurzschlußkontakt j, Abb. 26a—c. Vor jeder Zündung der Lampe ist der Kontakt offen, so daß dem Brenner der ganze Widerstand der beiden Rheotan-Spulen $w_1 w_2$ vorgeschaltet ist. Wenn der Strom während der Einbrennperiode auf einen gewissen Mindestwert sinkt, schließt der Kontakt den oberen Teil der beiden Widerstandsspulen kurz.

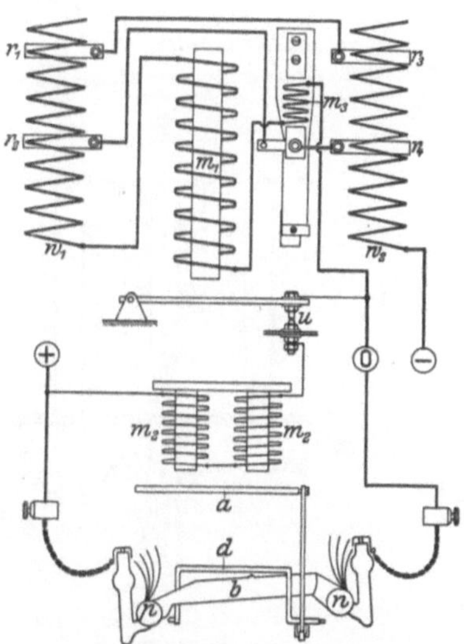

Abb. 26a. Schaltplan der neuen Gleichstromlampe mit Stromrelais der Q.L.G.

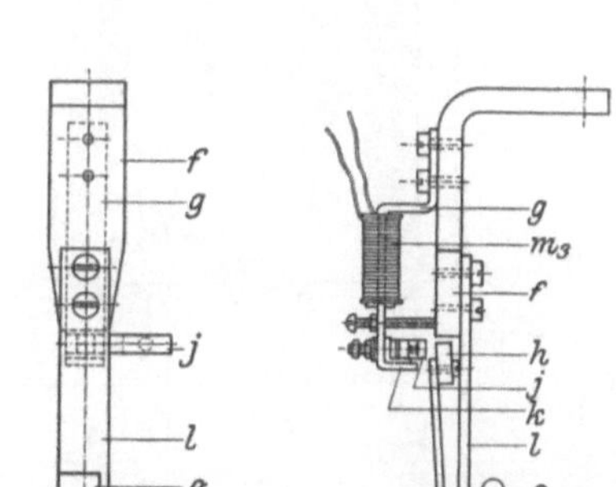

Abb. 26b, c. Stromrelais der neuen Gleichstromlampe der Q. L. G.

Bei der Übertragung dieser einfachen Idee in die Praxis treten aber gewisse Schwierigkeiten auf; denn erstens soll die Relaiszunge nicht schon gleich nach Einschalten der Lampe, wo der Strom durch die Kippspulen m_2 (Abb. 26a) geht und daher sehr klein ist, kurzschließen, zweitens soll nicht die Zunge nach dem Kurzschluß des Kontaktes, wo also plötzlich wieder ein großer Stromstoß, genau wie zu Anfang der Zündung (vgl. S. 32 und Abb. 13) erfolgt, zittern oder den Kontakt öffnen. Diese Aufgabe hat die Q.L.G. in sehr sinnreicher Weise dadurch gelöst, daß sie auf die Relaiszunge zwei magnetische Kraftfelder, nämlich das der Hauptinduktanz m_1 (Abb. 26a) und jenes der kleineren

---

[1]) W. C. Heraeus, D. R. P. Nr. 251.588 vom 23. Oktober 1912.

4*

Spule m_3 gegeneinander wirken läßt. Zu dem Zwecke spielt der durch ein Gewicht o ausbalancierte bewegliche Eisenanker h zwischen dem Pol f eines an den Kern von m_1 befestigten ⌐-Stückes aus weichem

Abb. 27 a.

Abb. 27 b.

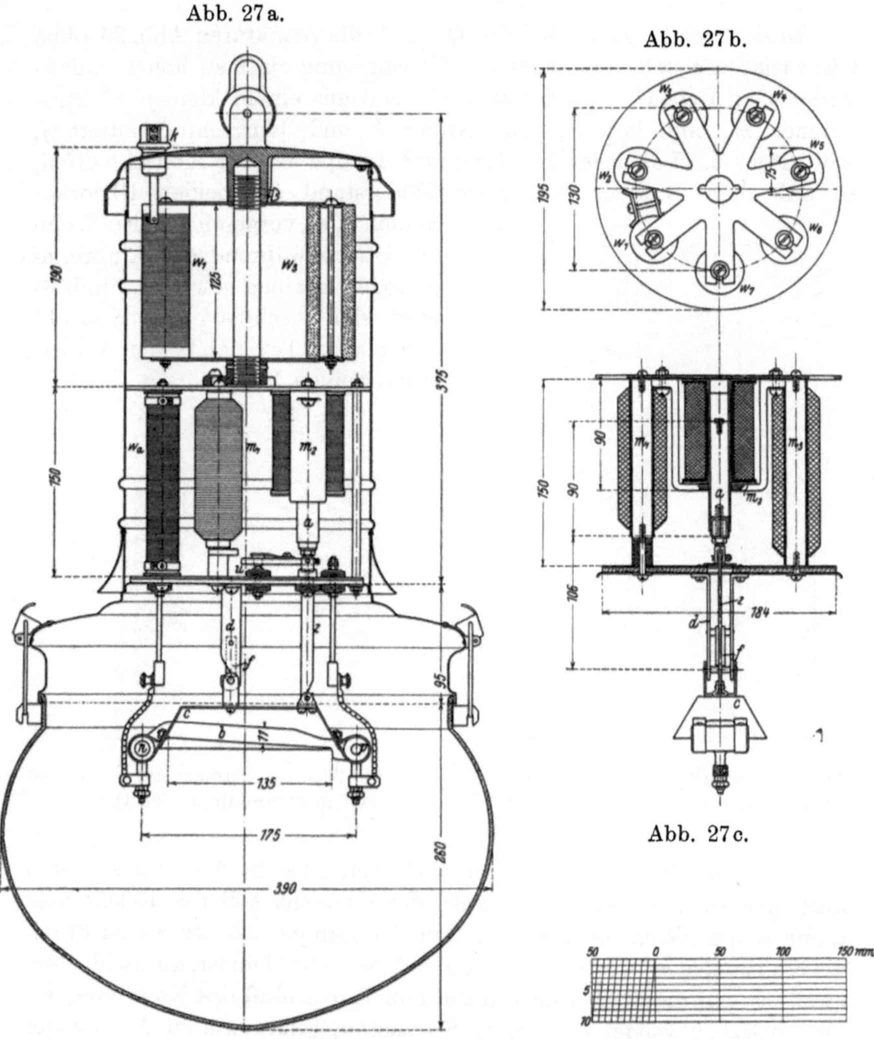

Abb. 27 c.

500 Volt- 2 Amp.-Lampe der C. H. E. Co.   Maßstab 1 : 6.

Eisen und dem gleichnamigen Pol k der auch vom Brennerstrom durchflossenen Spule m_3. Während des Kippens und unmittelbar darauf, da das Kraftfeld von m_1 überwiegt, hält der Pol f den Anker fest. Nachdem der Brenner wärmer geworden ist und der Strom abnimmt, gewinnt der Nebenpol k magnetisches Übergewicht, der Anker schlägt um und wird nunmehr, da er näher dem Pol k ist, von diesem festgehalten, trotzdem hierdurch der Kontakt j geschlossen wird und sich dann dieselben Stromverhältnisse wie beim Einschalten wiederholen. Eine Schraube unter m_3 dient zur genaueren Einstellung des Luftzwischenraumes.

Als weiteres Beispiel einer mit Nebenschlußmagnet und Unterbrecher gezündeten Lampe mag noch die zum Einzelanschluß an 500 Volt G. S. Netze entworfene Type der C. H. E. Co., Abb. 27a—c, erwähnt werden. Der Brenner mit einer Leuchtröhre von 135 mm Länge und 11 mm Innendurchmesser läßt eine Maximalspannung von 340 Volt zu, hat aber dabei höheren als Atmosphärendruck. Er ist an einem weißemaillierten Eisenreflektor befestigt und mit diesem einerseits in den Träger d, andererseits in die Zugstange z eingehängt. Die Widerstände, Induktanzen und die Kippvorrichtung sind zwischen zwei Paare von Eisenplatten in dem oberen ventilierten Gehäuseteil untergebracht und durch eine Platte aus wärmeisolierendem Material von dem blechernen Unterteil getrennt.

Zum Kippen dient das Nebenschlußsolenoid m_2 mit einem lotrecht beweglichen Eisenanker a. Die Hauptinduktanz, welche wegen der in der Regel bedeutenden Spannungsschwankungen der 500 Volt-Netze größer als sonst gewählt wurde, ist in zwei Spulen m_3 und m_1, von denen die letztere auch den Ausschalter u des Nebenschlußkreises betätigt, geteilt. Die aus sieben Spulen bestehenden Reihenwiderstände w_1—w_7 sind zu oberst montiert. Der Widerstand w_a ist der Spule m_2 vorgeschaltet und begrenzt den Nebenschlußstrom auf etwa 0,4 Amp.

Die Lampe verbraucht 2 Amp. und gibt bei der maximalen Brennerspannung 3800 HK$_☉$.

Im Gegensatz zu der bisher genannten verwendet die B. E. E. Co. in ihrer „Quartzlite"-Lampe[1]) eine feste Anode.

Der Brenner der 220 Volt-Lampe, Abb. 18, hat ein etwa 12 cm langes Leuchtrohr von 1,5 cm Innendurchmesser, an dessen positivem Ende p eine knopfförmige Elektrode aus Tantal oder Wolfram verankert ist, während das negative Ende als kleines abgeplattetes Polgefäß n ausgebildet ist. Die Wand gegenüber der negativen Quecksilberkante ist verdickt, um gegen Erweichung an dieser sehr heißen Stelle des Lichtbogens geschützt zu sein, und bildet eine Einschnürung zur Fixierung der negativen Strombasis. An die beiden Enden sind U-förmige Röhr-

---

¹) Electrician, London, **66**, 512, 1911.

Anm. während der Korrektur: Die Quartzlite-Lampe ist unterdessen vom Markte zurückgezogen worden.

chen für die Stromzuführungsstellen angesetzt. Die letzteren waren
bei den früheren Quarzbrennern nach Art der auf S. 39 erwähnten
Nieten ausgeführt, sind aber bei den neueren Brennern durch einge-
schliffene Nickelstahlstifte ersetzt. Der Kontakt zwischen der Anode
und ihrem Stromzuführungsstift ist durch Quecksilber gebildet.

Die Temperatur der positiven Elektrode gibt Bastian in einer
Patentschrift[1]) mit 1400° C und darüber an und empfiehlt als geeignetes
Material neben Tantal auch Platin, Iridium und deren Legierungen.

Der Brenner zeichnet sich durch große Einfachheit und sehr kleine
Abmessungen der Elektroden aus.

In dem Oberteil des Lampengehäuses ist eine primitive selbsttätige
Kippvorrichtung, bestehend aus dem üblichen Nebenschlußelektromagnet
und automatischen Ausschalter, untergebracht. Die Serienwiderstände
(vier Spulen für 220 Volt-Netze) können in oder getrennt von der Lampe
montiert werden. Eine Extra-Serieninduktanz ist wegen der verhältnismäßig niedrigen Brennerspannung in der Regel nicht notwendig.

Quarzlampe von Weintraub. Eine andere Quarzlampe mit fester Anode, deren Urheber Dr. E.
Weintraub von der G. E. Co. ist, finden wir in amerikanischen Zeit-
schriften[2]) beschrieben. Die Abb. 28 zeigt einen Brenner dieser Art
für horizontale Brennlage,
Abb. 29 eine komplette
Lampe mit automatischer
Kippvorrichtung und ver-
tikalem Brenner. Beide
haben Wolframanoden
mit Zuleitdrähten aus
Wolfram, welche direkt in
das Glas eingeschmolzen

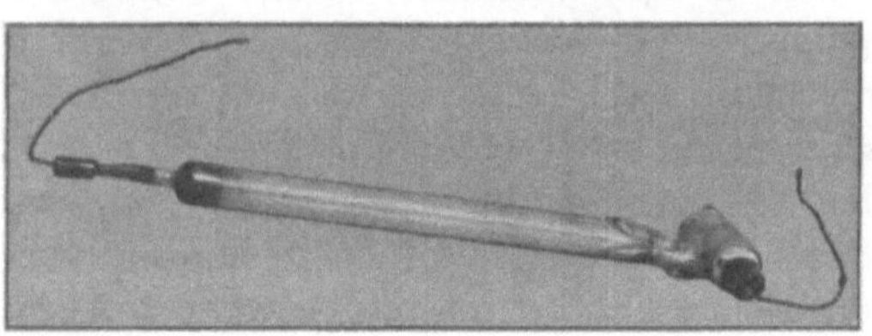

Abb. 28.   220 Volt-3,5 Amp.-Brenner der G. E. Co.

sind. Die Drähte sind mit einem besonderen Borosilikat-Glas desselben
Ausdehnungskoeffizienten wie Wolfram umsponnen und jenes wieder
mittels dreier verschiedener Glassorten als Zwischenstufen an das
Quarzglas angesetzt (vgl. S. 40).

Durch die Einführung der festen Anode und der eingeschmolzenen
Zuleitdrähte wird der Brenner außerordentlich vereinfacht. Neben den
bereits oben vom theoretischen Standpunkte betrachteten Vorteilen der
festen Anode ist praktisch die Ersparnis an Quarzglas besonders
wichtig. Da der Anodenfall an einer festen Elektrode kleiner als an
Hg ist, braucht die Positive eine kleinere Kühlfläche; außerdem entfällt der negative Konus, welcher der kostpieligste Teil des

[1]) C. O. Bastian, U. S. P. Nr. 982.119 vom 17. Jan. 1911.
[2]) El. World **60**, 373, 1912; E. Weintraub, El. World **61**, 984, 1913.

Brenners ist, so daß sich der Quarzverbrauch an einem Brenner, wie z. B. der in Abb. 28, auf 50—65 Proz. dessen mit zwei Quecksilberelektroden gleicher Spannung und Stromstärke stellt. Endlich wird die nötige Quecksilbermenge auf die Hälfte reduziert, sehr zum Vorteil der Versendbarkeit.

Unter den auch bereits früher aufgezählten Nachteilen der festen Anode fällt hauptsächlich ihre Zerstäubung ins Gewicht. Weintraub behauptet (l. c.), daß die Zerstäubung, d. h. die Schwärzung des Leuchtrohres, durch Anwendung des geschweißten dehnbaren Wolframs verhindert wird. Trotzdem scheint auch er es für notwendig gefunden zu haben, zur Verminderung der Zerstäubung die Dampftemperatur herabzusetzen, d. h. die Leuchtrohrlänge zu erhöhen, wie der folgende Vergleich zweier seiner Brenner mit zwei analogen der Q. L. G. zeigt:

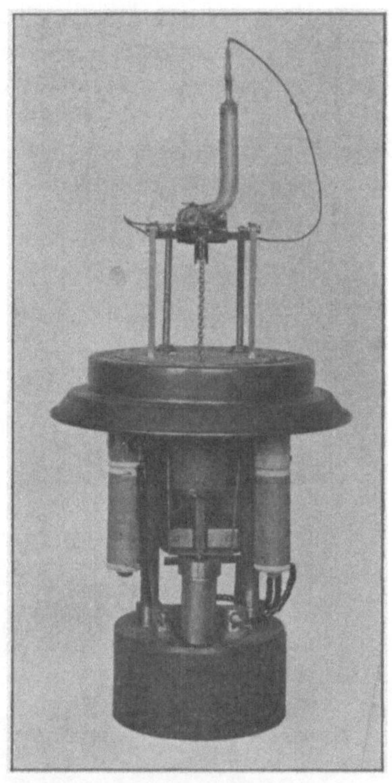

Abb. 29. Innenansicht einer Lampe der G. E. Co. mit vertikalem Brenner.

Tabelle VIII.

Vergleich zweier Brennertypen mit Wolfram- und mit Quecksilber-Anode.

Lampentype	Stromstärke	Linienspannung	Brennerspannung	Energie am Brenner	Mittlere sphärische Kerzenstärke	Länge der Lichtsäule[1]
	Amp.	Volt	Volt	Watt	HK₀	cm
G. E. Co.[2]	4	110	80	320	700	9,0
Q. L. G.	4	110	85	340	750	4,0
G. E. Co.[2]	3,5	220	170	595	1600	18,0
Q. L. G.	3,5	220	180	630	1800	12,5

[1] Bei den Brennern der Q. L. G. ohne den negativen Konus, dessen Bohrung 16 mm lang ist.

[2] Nach El. World **61**, 984, 1913.

Der oben beschriebene und in Abb. 18 dargestellte Brenner der B. E. E. Co. kann auch nur eine Elektrodenspannung von 110 Volt bei einer Lichtsäulenlänge von 12 cm vertragen.

Da die feste Anode ziemlich dick gemacht werden muß, um der Zersetzung zu widerstehen, ist es sehr schwer, aus ihr die okkludierten Gase zu entfernen, so daß die Brenner verhältnismäßig bald ihr gutes

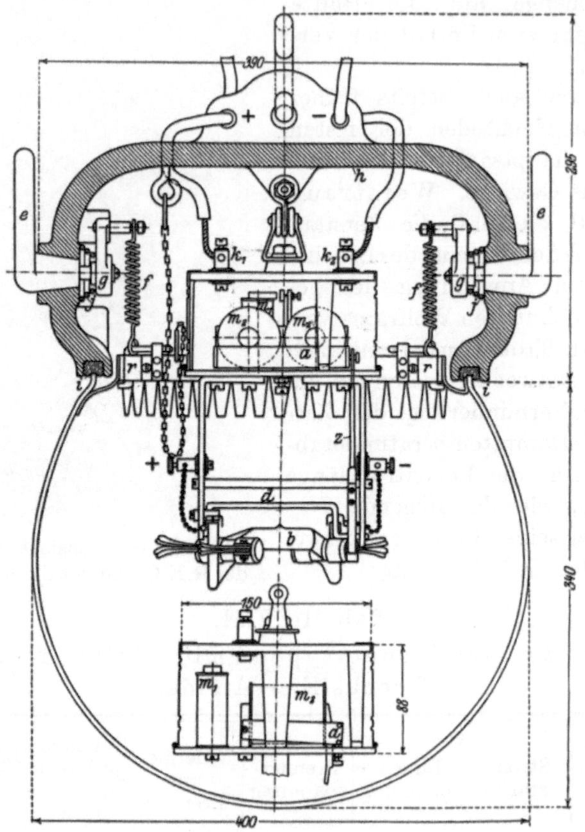

Abb. 30. Säurefeste Lampe „Silacid" der Q. L. G.   Maßstab 1:6.

Vakuum verlieren. Trotz alledem scheint es mir, daß sich mit der Zeit diese Nachteile werden beheben lassen und daß dann die feste Anode allgemein werden wird.

Säurefeste Lampe der Q. L. G.   Da die Quarzlampe nach einer einmaligen Adjustierung der Brennerspannung für Tausende von Brennstunden keine Wartung beansprucht und keinen komplizierten Reguliermechanismus hat, läßt sie sich vielen Bedürfnissen anpassen, für die ihre Bedeutung jetzt erst allmählich durchdringt. Als Beispiel dafür diene die „Silacid-Lampe" der Q. L. G., die für Räume mit ätzenden Dämpfen in der Luft, starkem Rauch u. dgl. bestimmt ist.

Die Lampe ist dadurch gekennzeichnet, daß Brenner, Kippmechanismus und Anschlußklemmen luftdicht in eine Laterne, die nach außen keine metallischen Teile hat, eingeschlossen sind[1]). Das Gehäuse h, Abb. 30, ist aus glasiertem Ton mit einem eingegossenen Haken zum Einhängen des Brenners mit dessen Kipporrichtung und Zuleitdrähten, welche mit Bleirohren geschützt und luftdicht eingeführt sind. Zum Anpressen der Glasglocke dienen vier Tonhebel e, e, welche mittels eingeschliffener Kegel durch die Tonkappe ebenfalls luftdicht geführt und durch Federn f, f mit dem Tragring der Glocke verbunden sind. Sowohl Hebel als auch Glasglocke sind durch Asbest-Packungen j, i, gedichtet. Ein ähnlicher Hebel dient zum Kippen des Brenners, wenn derselbe keine automatische Zündung hat.

Als Brenner dient eine der bereits beschriebenen normalen Typen, in der Regel ohne Reflektor. Die automatische Kippvorrichtung ist die gewöhnliche, bestehend aus einem Nebenschlußmagnet m_2 und selbsttätigem Shunt-Unterbrecher m_1. Der Reihenwiderstand und die Hauptinduktanz werden in der Regel gesondert von der Laterne in einem, den Dämpfen nicht ausgesetzten Raum installiert.

Die Quarzlampen lassen sich auch in gefälliger Form für indirekte und halb indirekte Beleuchtung einrichten, wie z. B. bei den als „Saturnlampen" bekannten Typen der Q. L. G. „Saturn-
lampe" der
Q. L. G.

Der Brenner solcher Lampen ist der typische derselben Firma und wird inmitten einer runden, aus zwei Halbschalen zusammengesetzten Glaskugel in den Lagern e_1, e_2, Abb. 31, des Tragringes t eingesetzt. Die Zündung erfolgt durch Drehen des Kipphebels h, der durch einen kurbelartigen Ansatz gegen die Brennerachse drückt. Bei nichtautomatischen Lampen ist dazu an h eine herunterhängende Kette befestigt, bei automatischen ist der Kipphebel durch einen innen in der einen der drei Hängestangen laufenden Stahldraht mit dem beweglichen Anker r eines Nebenschluß-Kippmagnets verbunden. Letzterer und ein automatischer Ausschalter sind in der Deckenkappe der Lampe eingebaut, während der Reihenwiderstand und eine Induktanzspule extra montiert werden.

Je nachdem man die untere Halbschale aus Milchglas und die obere aus Klarglas wählt und unterhalb des Brenners einen Reflektor anbringt, oder die untere Halbschale aus Opalüberfangglas und die obere aus Milchglas wählt u. dgl., lassen sich verschiedene Lichteffekte erzielen.

---

[1]) Q. L. G., D. R. P. Nr. 255.315 vom 7. Dez. 1911.

Auch lassen sich leicht an dem Tragring Metallfadenlampen anbringen, die, parallel zu der Quarzlampe geschaltet, die grünliche Lichtfarbe durch Zusatz roter und orangegelber Strahlen zu einem angenehmen

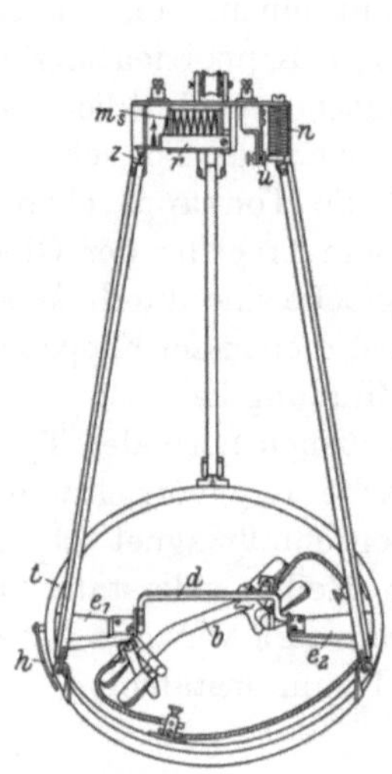

Abb. 31. Schema der automatischen
Saturnlampe der Q. L. G.

Abb. 32. Gesamtansicht der Saturnlampe der Q. L. G.

Weiß ergänzen und die Lampe für Wohnräume brauchbar machen. Je nach der Höhe der Decke werden bei solchen Lampen Quarzbrenner für 700 und 1200 HK (für 110 Volt-Netze) bzw. 800 und 1500 HK (für 220 Volt-Netze) angewendet.

V. Die Quarzlampe für Wechselstrom.

Eine Lichtbogenentladung zwischen Metallelektroden kann mit Wechselstrom in der Regel nur dann aufrechterhalten werden, wenn die Spannung sehr hoch, ungefähr von der Ordnung 10^3 Volt, oder die Frequenz sehr groß, etwa von der Ordnung 10^5 pro Sek. und darüber ist[1]). Der Grund davon liegt in der oben flüchtig erwähnten Unipolarität des Lichtbogens; denn der Bogen kann nicht eher zustande kommen, als bis die Kathode in einen eigentümlichen Zustand

---

[1]) Eine Übersicht der zahlreichen Untersuchungen über den Wechselstromlichtbogen findet man z. B. bei B. Monasch, Der elektrische Lichtbogen, Springer, 1904, S. 57.

versetzt („erregt") worden ist, in dem sie hochionisierte Dämpfe in die Strombahn aussenden kann. Da dazu vor allem hohe Temperatur[1]), also ein gewisser Energieumsatz oder Minimalstrom an der negativen Elektrode notwendig ist und Metallelektroden die Wärme sehr rasch verlieren, so erlischt ein Wechselstrombogen zwischen Metallelektroden unter niedriger Frequenz bei jeder Umkehr der Polarität und muß in jeder Periodenhälfte neu gezündet werden, so daß die Entladung im Grunde aus periodischen Wechseln einer Lichtbogenphase und einer darauffolgenden Glimmstromphase in den restlichen ionisierten Dämpfen besteht. Der Glimmstrom schlägt nicht eher in Lichtbogen über, als bis die Elektrodenspannung eine gewisse Höhe erreicht hat. Die Folge davon ist die bekannte vordere Spannungsspitze in den Oszillogrammen von Wechselstrombögen[2]), die desto stärker ausgeprägt ist, je rascher die Wärme von den Elektroden entweichen kann und je kleiner die Selbstinduktion des Stromkreises ist. Denn bei genügender Phasennacheilung des Stromes gegenüber der EMK hat die Elektrodenspannung Zeit, einen hinreichend hohen Wert zu erreichen, um gleich nach dem Richtungswechsel des Stromes den Bogen wieder zu zünden.

Besonders stark ist die Unipolarität, wie Cooper Hewitt entdeckt und zur Konstruktion seines bekannten Gleichrichters[3]) angewendet hat, beim Quecksilberlichtbogen ausgeprägt, weil Hg ein verhältnismäßig großes Wärmeleitungsvermögen bei relativ kleiner spezifischer Wärme hat, hauptsächlich aber, weil es wegen seines tiefen Siedepunktes einen Bogen mit sehr niedrig temperierter Lichtsäule (Niederdrucklampe) gestattet. Dadurch ist der Wärmeausgleich zwischen der heißen kathodischen Strombasis und dem niedrig temperierten Dampf in der Strombahn (als auch dem übrigen kathodischen Quecksilber) ein außerordentlich schneller, so daß in einer Niederdruck-Quecksilberlampe von wenigen cm Länge ein Bogen mit einphasigem Wechselstrom nicht unter Spannungen von etwa 10000 Volt oder nicht bei kleinerer Frequenz als ungefähr 10^{-7} Perioden/Sek. möglich ist. Je höher aber die Dampftemperatur in der Lampe steigt, d. h. je mehr das Temperaturgefälle zwischen der kathodischen Strombasis und ihrer Umgebung abnimmt, desto tiefer sinkt die Zündspannung, bis sie bei Dampfdrücken von etwa einer Atmospäre, wie sie in der Quarzlampe üblich sind, auf etwa 1000 Volt und darunter bei etwa 50 Perioden/Sek. herabgeht.

---

[1]) J. Stark u. L. Cassuto, Phys. Z. **5,** 264, 1904. Vgl. auch S. 28.

[2]) A. Blondel, C. R. **127,** 1016, 1898; **128,** 727, 1899.
  W. Duddell und E. W. Marchant, Proc. Inst. El. E. (London) **28,** 86, 1899.
  H. Th. Simon, Phys. Z. **6,** 297, 1905.

[3]) P. Cooper Hewitt, D. R. P. Nr. 161.808 vom 25. Juni 1903.

Eines der einfachsten Mittel, die „Erregung" der Kathode im Vakuumlichtbogen stetig aufrechtzuerhalten und dadurch die zum Betriebe einer Quecksilberlampe mit Wechselstrom nötige Spannung (unabhängig von der Dampftemperatur) auf dieselbe Größe wie bei Gleichstrom herabzusetzen, ist die von Cooper Hewitt angegebene Gleichrichterschaltung, bei der der Strom an der Kathode stets über einem bestimmten Minimum erhalten wird. Diese Schaltung besteht bekanntlich darin, daß der neutrale Punkt n, Abb. 33, eines Transformers T (bei Lampen fast immer als Spartransformator ausgeführt), mit der Quecksilberkathode K der Vakuumröhre verbunden wird, während die Endpunkte a_1, a_2 zu je einer Anode A_1, A_2 geführt sind. Dadurch wird die den Elektroden aufgeprägte Spannung gleichgerichtet. Wenn der primäre Wechselstrom Sinusform hat, so werden

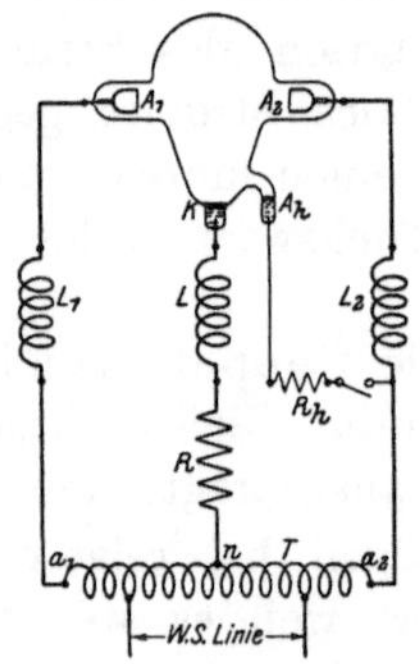

Abb. 33. Schema der Gleichrichterschaltung von Cooper Hewitt.

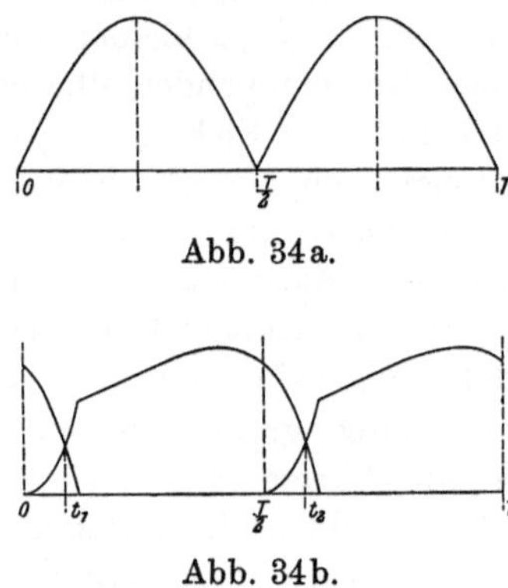

Abb. 34a.

Abb. 34b.

die Spannungspulsationen zwischen $A_1 K$ und $A_2 K$ während einer Periode mit Vernachlässigung einiger Nebenerscheinungen etwa nach Abb. 34a erfolgen. Es wird also in dieser Schaltung die Polarität der gemeinsamen Quecksilberkathode K nicht geändert, aber der Strom in K würde während jeder Periode des primären Wechselstromes zweimal auf Null sinken. Weil die Ionisierung der Kathode in weniger als 10^{-6} Sek. nach Aufhören des Stromes verschwindet und nicht von selbst wieder entsteht, so könnte der Lichtbogen bei dieser Anordnung immer noch nicht bestehen. Wenn aber zwei gleich große Reaktanzen L_1, L_2, Abb. 33, den Anoden vorgeschaltet werden, so wird die Kurvenform des Stromes an der Kathode etwa nach Abb. 34b verzerrt und durch Überlappen der beiden Teile bei genügend großen Reaktanzen der Strom an der Kathode über einem gewissen Minimum und dadurch der Lichtbogen stetig brennend erhalten. Eine der Kathode vorgeschaltete Reaktanz (L, Abb. 33) erfüllt einen ähnlichen Zweck wie L_1, L_2 und dämpft gleichzeitig die Pulsationen des gleichgerichteten Stromes. Sie wirkt zum Ebnen der Schwankungen im Gleichrichter etwa so, wie bei einer Kolbendampfmaschine das Schwungrad.

Die Reaktanzen L_1, L_2 vor den Anoden, die vom Verfasser zuerst bei den automatischen Cooper Hewitt-Lampen eingeführt wurden[1]), haben den weiteren Vorteil, daß sie einen Teil der sonst in einem Widerstand zu verzehrenden Rückspannung (vgl. S. 24) aufnehmen und zwar ohne nennenswerten Wattverlust und nur mit Verschlechterung des Leistungsfaktors. Sie sind außerdem zur Abdrosselung des Wechselstromes bei Kurzschlüssen zwischen den Anoden wirksam.

Unmittelbar zwischen den beiden Anoden findet in der Regel kein bemerkenswerter Stromübergang statt, solange man die anodischen Zweigrohre nicht zu kurz macht und die Reaktanzen L_1, L_2 genügend groß wählt.

Der Wechselstrombrenner der Q. L. G., der auf dem Cooper Hewittschen Gleichrichterprinzip arbeitet, ist im äußeren Aufbau ganz ähnlich denen für Gleichstrom, nur hat er zwei positive Polgefäße. Das Leuchtrohr endigt auf der einen Seite in dem negativen Konus und dem kathodischen Polgefäß, etwa in der Mitte der Leuchtröhre trennen sich gabelförmig und mit kleinerem Innendurchmesser die Verbindungsrohre der positiven Pole ab, Abb. 35c, 37a. Wechsel-
strom-
brenner der
Q. L. G.

Bei den gewöhnlichen Quecksilbergleichrichtern ist für die Zündung eine besondere Hilfselektrode (A_h, Abb. 33) in der Nähe der Kathode vorgesehen. Bei der Quarzlampe muß man aber angesichts des ohnehin genug teueren Apparates von der Einführung einer vierten Elektrode absehen und das Anlassen mit den vorhandenen 3 Elektroden bewerkstelligen. Dabei muß aber in dem Augenblick der Zündung beim Zurückkippen eine weitere Berührung der Anoden verhütet werden. Küch hat dazu zuerst vorgeschlagen[2]), das eine Anodengefäß tiefer als das andere anzuordnen, so daß beim Kippen nur Quecksilber aus einem der Anodengefäße nach der Kathode fließt und von dieser wieder in jenes zurückkehren kann. Später wurde zu demselben Zwecke am Boden des Leuchtrohres eine Längsscheidewand von ca. 6 mm Höhe eingefügt, die von dem Gabelungspunkt der Anoden bis ganz an das kathodische Polgefäß läuft. Beim Zurückkippen des Brenners zerschneidet diese Wand die vorher zur Kathode abgeflossene Quecksilbermenge kurz vor der Zündung in zwei getrennte Teile, die auch weiterhin getrennt zu den Anoden zurückfließen.

Die ganze Länge des Brenners ist fast dieselbe wie die der 3,5 Amp.-220 Volt-Gleichstrombrenner.

---

[1]) J. Pole, E. T. Z., **31**, 929, 1910.
[2]) W. C. Heraeus, D. R. P. Nr. 226.954 vom 18. Jan. 1910.

Einige Komplikationen verursacht jedoch die Zündung mit Wechselstrom. Auch hier ist, wie bei der Gleichstromlampe, die Kontaktzündung
die zuverlässigste und schließlich auch die praktischste. Indessen muß,
wenn der Lichtbogen angehen soll, die Trennung der Elektroden in
einem Augenblick erfolgen, wo die Elektrode K, Abb. **33**, wirklich

Abb. 35 a, b.   Abb. 36.

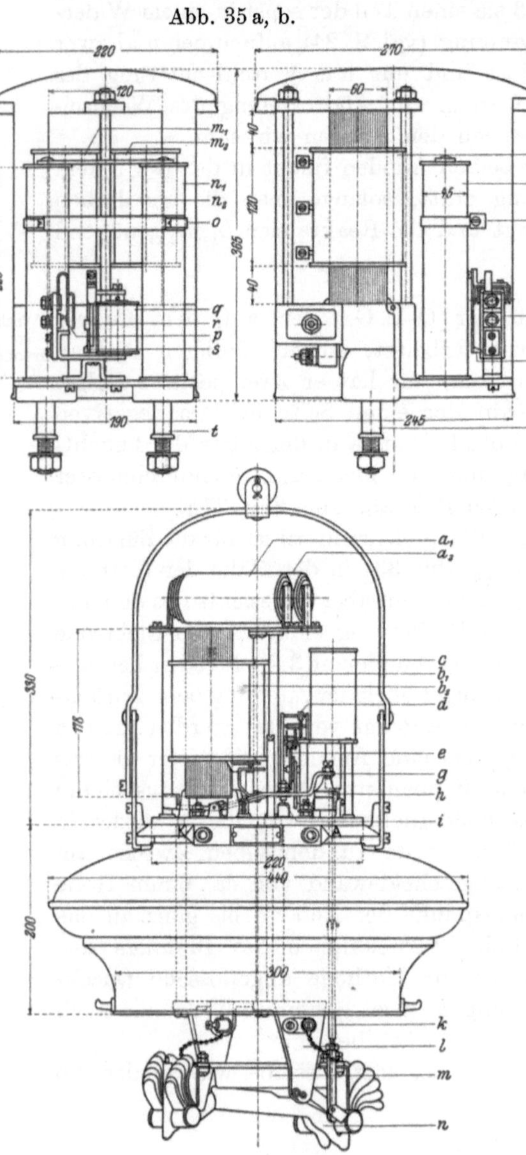

Abb. 35 c.

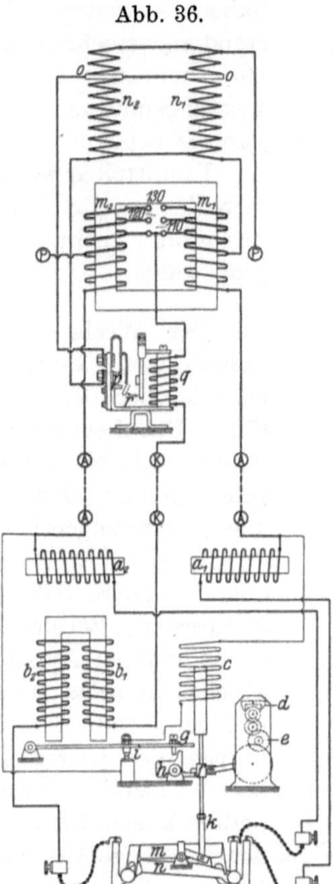

Wechselstromlampe der Q. L. G.

Abb. 35 a, b. Transformator. Maßstab
   etwa 1 : 8.
Abb. 35 c. Laterne. Maßstab etwa 1 : 8.
Abb. 36. Schaltplan.

Kathode ist, außerdem muß im Moment der Trennung in den Reaktanzen L, bzw. L_1, L_2, genügend Energie aufgestapelt sein, um den Lichtbogen über den Totpunkt der Wechselstromwelle zu bringen.

Die Kippzündung ist also bei Lampen dieser Art sozusagen eine „Zufallszündung" und das Kippen des Brenners muß in der Regel einigemal wiederholt werden. Dazu ist aber der selbsttätige Kippapparat mit einer Repetiervorrichtung zu versehen. Küch verwendet in der Wechselstromlampe der Q. L. G. einen Nebenschlußkippmagnet, ähnlich wie bei Gleichstrom, jedoch ist außer der elektromagnetischen Ausschaltung auch noch eine mechanische Unterbrechung des Nebenschlußstromes bei Vollendung der Kippbewegung und eine Wiedereinschaltung nach dem Zurückkippen des Brenners vorgesehen[1]). Die Zugstange k Abb. 36 des Nebenschluß-Kippmagnets c nimmt mittels des Querstückes f bei der Aufwärtsbewegung den Hebel g des Kontaktes i einige Millimeter mit, bis er in angehobener Stellung durch Einfallen des Blockstückes h gesperrt wird. Der bewegliche Anker der nunmehr stromlosen Kippspule fällt zurück, aber im letzten Augenblick der Abwärtsbewegung wird h wieder ausgerückt, so daß dann der Hebel g zurückfällt, i geschlossen wird und der Hubmagnet wieder in Wirkung kommt. Nach erfolgter Zündung fällt der Hebel nicht zurück, weil er von den magnetisierten Hauptstromspulen b_1 b_2 hochgehalten wird. Zur Verlängerung der Periode zwischen Öffnen und Schließen des Zündkontaktes und zur Dämpfung der Stöße dient nicht wie bei Gleichstromlampen ein Luftkatarakt, sondern ein Uhrwerk e, ähnlich wie bei Kohlenbogenlampen. Das Räderwerk desselben hat bei der Aufwärtsbewegung der Zugstange Freilauf, bei der Abwärtsbewegung nimmt es das Hemmstück d (in der ursprünglichen Bauart einen Windflügel) mit und verlangsamt so seinen Lauf.

Die übrige Einrichtung der Wechselstromlampe der Q. L. G. geht aus den Abb. 35 und 36 hervor. b_1, b_2 ist eine Induktanz zur Dämpfung der Strompulsationen an der Kathode, m_1 m_2 sind die Spulen eines Spartransformators, der die Netzspannung auf die den Anoden des Brenners aufzuprägende Potentialdifferenz von 360 Volt umwandelt und einen Spannungsmittelpunkt für die Kathode schafft. Zur Anpassung an kleine Abweichungen der Linienspannung sind an der Wicklung drei Anschlußpunkte mit Abstufungen verschiedener Windungszahl vorgesehen.

Ein Teil der Rückspannung wird durch die Reaktanzen a_1, a_2 und der Rest durch zwei Rheotanspulen n_1, n_2, welche bei der 110 Volt-Lampe parallel, bei der 220 Volt-Lampe hintereinander geschaltet sind, aufgenommen.

---

[1]) W. C. Heraeus, D.R.P. Nr. 226.955 vom 25. Jan. 1910.

Bei der älteren Ausrüstungstype[1]) waren an Stelle der Rheotanspulen vier parallel geschaltete Glasvariatoren zur Verhinderung eines zu hohen Anlaßstromes, wie bei den älteren Gleichstromlampen. Denn unmittelbar nach dem Zünden ist die Sekundärspannung am Transformator nur etwa 70 Volt und die Sekundärstromstärke an der Kathode 13 Amp., die Eisenwiderstände absorbierten dann etwa 70 % der Netzspannung. Nach dem Einbrennen wurde nur 5 bis 7 % der Linienspannung in den Eisenwiderständen verbraucht.

In der neuen Lampe sind die Glasvariatoren durch ein sehr hübsch durchdachtes Stromrelais[2]) ersetzt, welches ähnlich wie das auf S. 51 beschriebene funktioniert. Das Relais, bestehend aus einem im Stromkreis der Kathode liegenden Solenoid q mit Weicheisenkern, dem beweglichen Eisen-Anker r und dem Kontakt p (Abb. 36), läßt den Brenner bei voll vorgeschaltetem Widerstand der Rheotanspulen n_1, n_2 mit etwa 10 Amp. (an der Kathode)zünden und schließt den unteren Teil dieser Spulen kurz, wenn der Strom auf etwa 6,5 Amp. gefallen ist. Der Strom steigt dadurch nochmals auf 10 Amp. und geht allmählich auf den Endwert von 4,8 Amp. (in der Kathodenleitung) zurück.

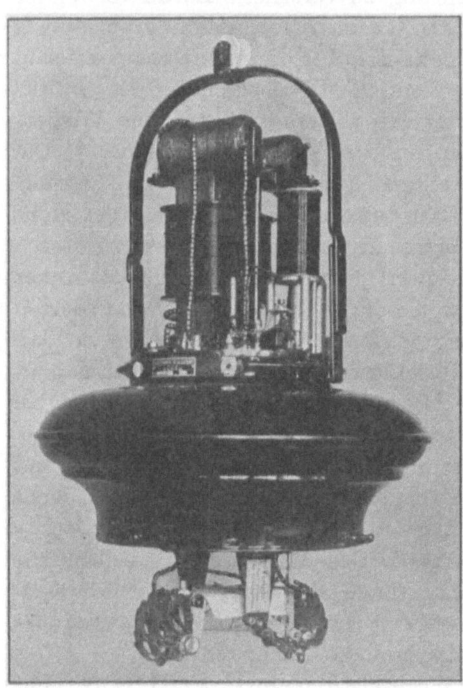

Abb. 37 a. Innenansicht der Laterne mit Brenner der Wechseltromlampe von der Q. L. G.

Unmittelbar nach dem Einschalten zieht q (durch die starke Streuung infolge des hohen Stromes) den Anker r an und hält ihn fest. Wenn der Strom allmählich sinkt, überwiegt endlich die Anziehung des freien magnetischen Poles, der Anker schlägt um und schließt p kurz. Damit aber der Anker nicht schon während des Kippens des Brenners weggeschleudert wird und den Widerstand kurzschließt,

---

[1]) F. Girard, E. T. Z. **33**, 676, 1912.
[2]) W. C. Heraeus, D. R. P. Nr. 263.900 vom 21. September 1912.

ist r während einer kurzen Zeit nach dem Einschalten durch eine Zunge s gesperrt. s besteht aus zwei zusammengenieteten Metallblechen von verschiedener Ausdehnung und ist nahe der einen Widerstandsspule n_2, angebracht. Erst wenn n_2 heiß wird und Wärme gegen s strahlt, biegt sich die Zunge zur Seite und gibt r frei.

Des umfangreichen Apparates wegen ist die Lampenausrüstung geteilt. Der Transformator mit den zwei Widerstandsspulen und dem Stromrelais ist für sich auf einem gußeisernen Rahmen montiert, Abb. 35a, b, 37b, und zur Befestigung mittels Winkeleisen an der Wand oder dem Lampenmast eingerichtet. Gesondert davon ist die Laterne mit Brenner, der Zündvorrichtung und den Induktanzen, Abb. 35c, 37a, die in einem Gehäuse aus gestanztem Blech,· äußerlich sehr ähnlich der eingangs abgebildeten Gleichstromlampe, angeordnet sind.

Abb. 37b. Innenansicht des Transformators mit Stromrelais der Wechselstromlampe von der Q. L. G.

Der durchschnittliche Wattverbrauch der Lampe samt Transformator ist 770, die mittlere Kerzenstärke in der unteren Hemisphäre 3000 HK$_\cup$, der Leistungsfaktor etwa 0,8.

So anerkennenswert auch die an dieser Wechselstromtype geleistete Ingenieurarbeit ist, kann man der Lampe kaum eine größere Verbreitung vorhersagen. Denn die schweren Induktanzen, vor allem aber der komplizierte Kippmechanismus, machen sie so teuer, daß es sich schon in Installationen von etwa 12 Lampen an lohnen würde, einfache Gleichstrom-Quarzlampen und einen rotierenden Umformer zu kaufen. Noch einfacher, billiger und wirtschaftlicher dürfte zur Umwandlung des Wechselstromes ein Quecksilbergleichrichter der Béla-Schäfer'schen oder A.E.G.-Type sein.

Lampe von Darmois u. Leblanc.

Der prinzipielle Grund dieser Schwierigkeiten liegt in der Anwendung der Gleichrichterschaltung, die sich für automatische Apparate sehr kleiner Leistung nicht eignet. Dagegen sei hier auf einen anderen Vorschlag[1]), der einen sehr bemerkenswerten Ansatz zur Entwicklung einer neuen Wechselstromlampe enthält, hingewiesen. Darmois und Leblanc fanden, daß, wenn der Dampfdruck in einer Quecksilberlampe mit zwei Hg-Elektroden bis zu etwa 1 Atm., d. h. die Dampftemperatur etwa auf die Höhe wie in kommerziellen Quarzlampen, getrieben wird, ein einphasiger Wechselstrom von Spannungen von etwa 1000 Volt und weniger den Lichtbogen aufrechtzuerhalten vermag. Fördernd ist dabei kleine Oberfläche der Elektroden und Verhütung von Wärmeverlusten derselben nach außen. Schaltet man z. B. den in Abb. 22 dargestellten Kent-Lacell-Brenner nach dem Plan Abb. 23 an Wechselstrom und bewirkt die Zündung in der auf S. 46 beschriebenen Weise mittels Heizspirale, so daß die Trennung der Elektroden erst bei hohem Dampfdruck erfolgt, so vermag der Wechselstromlichtbogen unter Umständen schon bei 600—800 Volt zu bestehen. Die Strom- und Spannungskurven zeigen einen ähnlichen Verlauf wie beim Wechselstrom-Kohlebogen, nur ist die vordere Spannungsspitze viel schärfer ausgeprägt. Während der Lichtbogenphase der Entladung sinkt die Elektrodenspannung nahezu auf denjenigen Wert, den sie in der Gleichstromlampe hat, bei jeder Stromumkehr, nach welcher der Lichtbogen immer wieder neu gezündet werden muß, ist aber eine bedeutend höhere Spannung erforderlich. Zweckmäßigerweise wird der Spannungsüberschuß der Lichtbogenphase durch rein induktive·Widerstände aufgenommen. Zur Ausrüstung der ganzen Lampe ist also neben der Heizvorrichtung nur ein Transformator (ohne Spannungsmittelpunkt) und eine den Elektroden vorgeschaltete größere Reaktanz notwendig.

Die Möglichkeit des Zustandekommens eines solchen Wechselstromlichtbogens stützt die Richtigkeit der Thomson-Stark'schen Hypothese (S. 28).

Die Elektrodenspannung eines Quarzbrenners hängt hauptsächlich von der Länge des Lichtbogens ab, da das Elektrodengefälle des Bogens verhältnismäßig klein ist. Die Zündspannung ohne Vorkontakt der Elektroden, d. h. jene Potentialdifferenz, bei welcher der Glimmstrom in Lichtbogen überschlägt, ist dagegen innerhalb der hier in Betracht kommenden Grenzen wenig von dem Elektrodenabstand abhängig und bei nicht zu kleinem Rohrdurchmesser und bestimmter Dampftemperatur fast konstant und an-

---

[1]) E. E. Darmois u. M. Leblanc, Brit. Pat. Nr. 11.870 vom 18. Mai 1912.

nähernd gleich der Summe des Kathoden- und Anodenfalles der Glimmentladung. Deswegen ist der Leistungsfaktor der Darmois-Leblanc-Schaltung mit Induktanz vor den Elektroden um so größer, je länger der Lichtbogen ist. Bei dem Brenner der Abb. 22 würde für einen stetigen Bogen die sekundäre Transformator-Spannung etwa 1100—1200 Volt bei einem Leistungsfaktor von ca. 0,4 betragen, während der Leistungsfaktor bei entsprechend langem Bogen auf 0,7 und darüber gebracht werden könnte. Es führt diese Methode also zu großen Lichteinheiten.

VI. Die ultraviolette Strahlung der Quarzlampe.

Der Quecksilberbogen ist reich an kurzwelligen Strahlen, die jedoch bei gewöhnlichen Quecksilberlampen von der Glaswand absorbiert werden. Quarzlampen geben aber noch Strahlen einer Wellenlänge von 220 $\mu\mu$ und darunter[1]. Intensität
der u. v.
Strahlung.

Die stärksten Linien im ultravioletten Spektrum des Quecksilberlichtbogens sind die folgenden: 390.8, 366.3, 365.4, 365.0, 334.1, 313.1, 312.6, 302.7, 302.6, 302.3, 302.2, 296.7, 292.5, 289.4, 280.4, 280.3, 275.9, 275.2, 269.9, 267.3, 265.5, 265.4, 265.2, 257.1, 253.5, 253.4, 248.2, 248.1, 246.4, 244.7, 239.9, 237.9, 234.6, 230.1, 227.6, 226.2, 222.4, 200.0, 197.1, 194.1, 185.1, 184.8, 184.6 $\mu\mu$.

Bei Steigerung des Quecksilber-Dampfdruckes erscheinen keine neuen Linien, aber die Intensitätsverteilung ändert sich bedeutend. Nach Küch und Retschinsky nehmen (wie bei der sichtbaren Strahlung) auch im ultravioletten Spektrum der Quarzlampe die Linien kürzerer Wellenlänge mit zunehmender Dampftemperatur rascher zu als die größerer Wellenlänge. Dieses resultiert in einer Wirkungsgradkurve der ultravioletten Strahlung, die derjenigen des sichtbaren

---

[1] Nachstehend die Durchlässigkeiten einiger Stoffe für kurzwelliges Licht:

Euphosglas (Schanz u. Stockhausen) bis	391	$\mu\mu$
Flintglas, 2 mm dick . . . . ,,	375	,,
Gewöhnl. Rauchglas . . . . ,,	345	,,
Gewöhnl. blaues Glas . . . . ,,	320	,,
Flintglas, 1 mm dick . . . . ,,	315	,,
Crownglas (Borosilikat) . . . . ,,	295	,,
Glimmer, 0,5 mm dick . . . . ,,	280	,,
Uviolglas (Schott u. Gen.) . . . . . ,,	253	,,
Reines Wasser . . . . bis etwa	200	,,
Quarz bis zu Dicken von mehreren cm	180	,,
Quarz, 1 mm dick . . . . ,,	150	,,
Flußspat, 1 mm dick . . . . ,,	133	,,
,, und teilweise . . . . ,,	125	,,
Das Auge nimmt Strahlen bis zu etwa	320	,, wahr.

5*

Lichtes sehr ähnlich ist, wie aus Abb. 38, welche der genannten Abhandlung Küch und Retschinsky's[1]) entnommen ist, deutlich hervor-

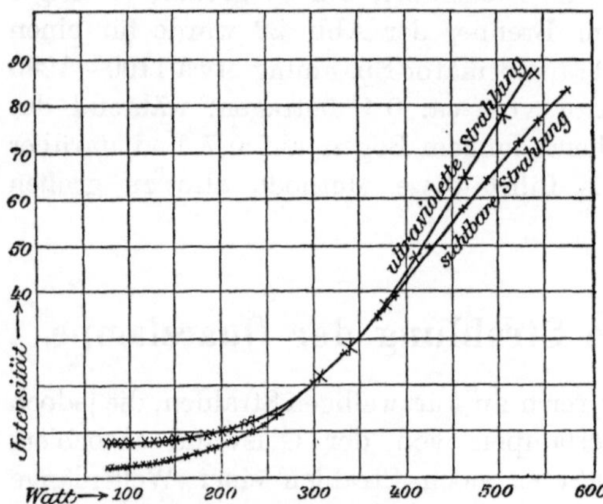

Abb. 38. Verhältnismäßige Intensität der ultravioletten und sichtbaren Strahlung einer Quarzlampe in Abhängigkeit von der Wattbelastung.

geht. Die beiden Forscher maßen die ultraviolette Strahlung eines Quarzbrenners nach einer von Lenard[2]) angegebenen Methode, die auf der ionisierenden Wirkung kurzwelligen Lichtes in einem hochevakuierten Entladungsrohr (aus Quarzglas) beruht. Der elektrische Strom, der so zwischen zwei auf konstantem Potential gehaltenen Elektroden des Entladungsgefäßes hervorgerufen wird, ist direkt ein Maß der Intensität der ultravioletten Strahlung. Als Abszissen sind in der Abb. 38 die Wattbelastungen des Brenners aufgetragen und die Ordinaten der einen Kurve entsprechen den durch den Strom in dem Entladungsgefäß hervorgerufenen Galvanometerausschlägen, geben also die Intensität der ultravioletten Strahlung in einem willkürlichen Maße. Zum Vergleich ist in die Abbildung noch die photometrisch gemessene Intensität der sichtbaren Strahlung derselben Lampe eingezeichnet und der Maßstab der Ordinaten der ersten Kurve so gewählt, daß beide Linien bei einer Belastung von 350 Watt zusammenfallen. Werden aus diesen Schaulinien die Kurven des spezifischen Wattverbrauches

$$\frac{ei}{J}$$

berechnet und die Maxima beiden Kurven einander gleichgesetzt, so erhält man die Abb. 39. Man sieht, daß beide Linien den gleichen Charakter haben, nur ist die Ökonomiekurve der ultravioletten Strahlung gegen jene der sichtbaren seitlich verschoben, d. h. der spezifische Wattverbrauch des ultravioletten Lichtes erreicht den Höchstwert bei höherer Dampftemperatur als jener der sichtbaren Strahlung.

Weitere Studien über diesen Gegenstand rühren von Henri her und sind um so interessanter, als sie die eben angeführten in gewissem

---

[1]) R. Küch u. T. Retschinsky, Ann. d. Phys. 20, 575, 1906.
[2]) P. Lenard, Ann. d. Phys. 2, 359, 1900.

Sinne ergänzen, indem sie mehr im Hinblick auf die chemischen und biologischen Wirkungen des kurzwelligen Lichtes durchgeführt sind.

Henri[1]) bediente sich zweier 3,5 Amp.-Quarzbrenner der W. C. H. Co. (Abb. 16), eines für 110 Volt und eines für 220 Volt, die in freier Luft brannten und von denen der erstere zur Verringerung der Abkühlung eine Asbestkappe auf dem positiven Kondensationsgefäß hatte. Zur zahlenmäßigen Feststellung der Strahlungsintensität wandte Henri drei Methoden an, und zwar:

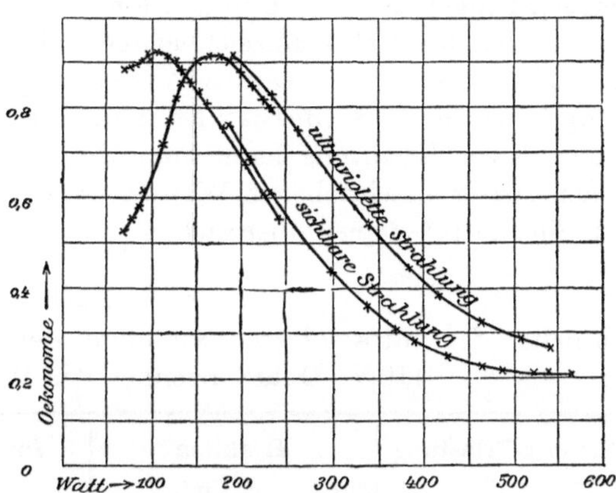

Abb. 39. Verhältnismäßiger spezifischer Wattverbrauch der ultravioletten und sichtbaren Strahlung einer Quarzlampe in Abhängigkeit von der Wattbelastung.

1. Die Verfärbung von mit Silberzitrat bestrichenem und den Strahlen der Quarzlampe in einem bestimmten Abstand ausgesetzten Papiers. Die darauf bezüglichen, Henris Aufsatz entnommenen Beobachtungen sind in den Tabellen VIII und IX unter „a" enthalten; die Zahlen sind umgekehrt proportional der zur Erreichung eines bestimmten Farbentons nötigen Belichtungszeit, wobei die erste Größe gleich 1 gesetzt ist;

2. die Zersetzung von Jodkalium unter dem Licht der Quarzlampe bei Gegenwart von Schwefelsäure. Die Zahlen „b" in Tabelle IX bedeuten die Milliontel Gramm von Jod, die in 30 Sek. gebildet wurden;

3. die Sterilisierung einer Emulsion von Bacillus Coli. Die unter „c" angegebenen Zahlen bedeuten die zum Sterilisieren der Emulsion in einem Abstande von 20 cm von der Lampe erforderliche Zeit in Sek.

Weiter sind in den Tabellen einige spektral-photometrisch gemessene relative Intensitäten der roten Quecksilberlinie 612,3, der gelben 579,0, der grünen 546,1, der blauen 435,9 und der violetten 404,7 $\mu\mu$ enthalten.

Aus den Zahlentafeln folgt in Übereinstimmung mit den von Küch und Retschinsky gewonnenen Resultaten, daß die Intensität der ultravioletten Strahlung mit Steigerung der Dampfdichte sehr rasch zunimmt. So z. B. sterilisiert die

---

1) V. Henri, C. R. 153, 265, 1911.

220 Volt-Lampe bei 120 Volt Brennerspannung 60 mal rascher als bei 37 Volt. Ferner bemerkt man, daß (innerhalb der naturgemäß großen Versuchsfehler) die Produkte $a \cdot c$ (der die Reaktionen auf Silberzitrat und auf Bacillus Coli kennzeichnenden Zahlen) beinahe konstant sind, d. h. daß die **sterilisierende Wirkung proportional der Wirkung auf mit Silberzitrat sensibiliertes Papier ist.** Auf Grund dieser Erfahrung kann man also den Effekt einer Quarzlampe in den später beschriebenen Wassersterilisierapparaten sensitometrisch mit Silberzitrat-Papier überwachen.

Tabelle VIII.

Intensität der ultravioletten Strahlung der Quarzlampe, nach Henri. 110 V.-Quarz-Brenner der W. C. H. Co.

Brenner-Belastung			Reaktion			Intensität der Spektrallinien				
Volt.	Amp.	Watt	Silber-zitrat a	Bacillus Coli c	$a \cdot c$	612,3 $\mu\mu$	579,0 $\mu\mu$	546,1 $\mu\mu$	435,9 $\mu\mu$	404,7 $\mu\mu$
23	2,3	52,9	1	300	300	—	—	—	—	—
31	2,75	85,2	2	—	—	1	1	1	1	1
35	2,9	101,5	2,5	120	300	—	—	—	—	—
44	3,0	132	5	—	—	2,80	2,83	2,15	1,86	2,30
50	3,0	150	6,25	40	250	—	—	—	—	—
59	3,25	192	10	30	300	12,8	10,52	6,17	4,99	6,54
66	3,35	221	13,75	20	275	—	—	—	—	—
73	3,4	248	21	—	—	—	—	—	—	—
78	3,45	269	37,5	10	375	21,1	18,9	8,87	7,35	6,67
90	3,5	315	40	8	320	—	—	—	—	—

Tabelle IX.

Intensität der ultravioletten Strahlung der Quarzlampe, nach Henri. 220 V.-Quarz-Brenner der W. C. H. Co.

Brenner-Belastung			Reaktion					Intensität der Spektrallinien			
Volt	Amp.	Watt	Silber-zitrat a	Jod-kalium b	Bacillus Coli c	$\dfrac{a}{b}$	$a \cdot c$	612,3 $\mu\mu$	579,0 $\mu\mu$	546,1 $\mu\mu$	435,9 $\mu\mu$
37	2,6	96,2	3,1	25	60	8,0	187	0,22	0,32	0,43	0,40
48	3,3	158,4	4,7	30	40	8,5	188	—	—	—	—
54	3,4	183,6	7,2	52,5	—	7,3	—	—	—	—	—
60	3,5	210	11,2	—	20	—	224	2,09	1,63	1,34	1,50
72	3,75	270	23,1	105	10	4,6	231	—	—	—	—
76	3,9	296	29,2	140	—	4,8	—	—	—	—	—
86	4,2	361	43,7	210	5	4,8	218	8,51	6,20	3,68	3,41
100	4,2	420	68,7	315	3	4,6	206	—	—	—	—
107	4,3	460	91,2	—	—	—	—	—	—	—	—
111	4,4	488	106	420	—	4,0	—	—	—	—	—
119	4,55	541	125	480	2	3,9	250	—	—	—	—
120	4,7	564	213	600	1	2,8	213	—	—	—	—

Tabelle X.

Aktinität eines 110 V.-Quarzbrenners der W. C. H. Co. unter verschiedenen Abkühlungsbedingungen, nach Henri.

| Vorschaltwiderstand | I. Lampe in einer einseitig offenen Schachtel aus Asbest | | | | II. Lampe in freier Luft, mit Asbestkappe auf positivem Kondensationsgefäß | | | | III. Lampe in freier Luft, ohne Kappe am Kondensationsgefäß | | | | IV. Lampe Leuchtröhre und Kondensationsgefäße in Wasser untergetaucht | | | |
Ohm	Volt	Amp.	Watt	Aktinität	Volt	Amp.	Watt	Aktinität	Volt	Amp.	Watt	Aktinität	Volt	Amp.	Watt	Aktinität
28,0	47	2,4	113	70	29	3,1	90	28	24	3,1	74	28	17	4,2	71	7,3
21,0	60	2,6	156	140	45	3,5	158	56	39	3,6	140	56	20	5,9	118	12,2
14,0	74	2,6	192	275	62	3,7	229	125	56	4,2	235	210	22	7,6	167	17,6
10,5		erlischt			70	4,0	280	200	64	4,6	294	275	26	8,0	208	23,0
7,0		erlischt			79	4,1	324	450	70	4,7	329	586	26	13,0	338	41,0

Alle bisher gewonnenen Erfahrungen lassen erwarten, daß eine stärkere Kühlung der Polgefäße oder der Leuchtröhre einen Rückgang der ultravioletten Strahlung zur Folge haben wird, weil dadurch das Spannungsgefälle in der Lichtsäule vermindert wird. Eine Untersuchung Henri's[1]) bestätigt das. Henri verglich vier gleiche Quarzbrenner der oben erwähnten 110 Volt-Type der W. C. H. Co., betrieb aber jeden Brenner unter verschiedenen Abkühlungsverhältnissen. Die relative Aktinität ist mittels Silberzitrat-Papiers gemessen und die Resultate in der Tabelle X zusammengestellt.

Den großen Abfall der ultravioletten Strahlung beim Untertauchen der Lampe in Wasser bestätigen ebenfalls Buisson und Fabry[2]). Sie maßen die ausgestrahlte Energie eines 220 Volt - 3,5 Amp.-Brenners der W. C. H. Co. mittels Thermosäule und verschiedener lichtabsorbierenden Medien und geben darüber die folgenden Zahlen an:

	Brenner in freier Luft	Brenner in Wasser untergetaucht
Stromstärke, Amp.	4,2	11,0
Elektrodenspannung, Volt	133	31,5
Wattverbrauch	559	346
Gesamte ausgestrahlte Energie, Watt	375	—
In Form von ultraviolettem Licht ($\lambda < 3200$) ausgestrahlte Energie, Watt	35,6	0,46.

Während also die in freier Luft brennende Lampe 6,37 Proz. der aufgenommenen Energie in Form ultravioletten Lichtes ausstrahlt,

---

[1]) V. Henri, C. R. **153**, 426, 1911.
[2]) H. Buisson und Ch. Fabry, C. R. **152**, 1838, 1911.

sinkt diese Ausbeute bei in Wasser untergetauchtem Brenner auf nur 0,133 Proz., d. h. der Sterilisations-Wirkungsgrad wäre im letzteren Falle nur $1/_{48}$ des ersteren.

Chemische u. physiologische Wirkungen des u. v. Lichtes. Das ultraviolette Licht kann bekanntlich eine ausgedehnte Anwendung für chemisch-technische Zwecke und in der Medizin finden. Aber erst durch die Quarzlampe mit ihrer kräftigen Strahlung, der einfachen Handhabung und den verhältnismäßig kleinen Betriebskosten ist der Verwendung ultravioletten Lichtes in der Praxis der Weg geebnet worden[1]).

Von den physiologischen Wirkungen der ultravioletten Strahlen sind der heilkräftige Einfluß auf erkranktes Hautgewebe und die tödliche Wirkung auf Mikroorganismen die praktisch bedeutendsten. Von der Unzahl chemischer Reaktionen und katalytischer Wirkungen, die zum Teil industriell wichtig sind, nennen wir die folgenden:

Sterilisierung des in Gärung befindlichen Weißweines. (Maurain und Warcollier, C. R. **149**, 155, 1909; **150**, 343, 1910.)

Entfärbung von Olivenöl und Petroleum unter Ozonbildung. (Edm. van Aubel, C. R. **149**, 983, 1909; **150**, 96, 1910.)

Bleichen und Desodorieren von Ölen und Fetten.

Polymerisation und Oxydation von Gasen. (D. Berthelot und H. Gaudechon, C. R. **150**, 1169, 1327, 1517, 1910.)

Verzögerung bzw. Aufhebung der Essigsäure-Gärung des Weines. (J. Schnitzler und V. Henry, C. R. **149**, 312, 1909; Biochem. Zeitschr. **25**, 263, 1910.)

Umlagerung stabiler stereoisomerer Äthylenkörper in labile. (R. Störmer, Ber. Deutsch. Chem. Ges. **42**, 4865, 1909; 44, 637, 1911.)

Zersetzung des Wassers unter Bildung von Wasserstoffsuperoxyd. (M. Kernbaum, Zeitschrift f. angew. Chemie **24**, 25, 1911.)

Katalytische Wirkung auf in falschem Gleichgewicht befindliche Körper. (Umwandlung des plastischen Schwefels, glasigen Selens, glasigen Zuckers in die kristallinische Form, etc.) J. Pougnet, C. R. **151**, 566, 1910; Journ. Pharm. et Chem. **2**, 540, 1910.

Photolyse organischer Verbindungen. (D. Berthelot u. H. Gaudechon, C. R. **151**, 1349, 1910; **152**, 262, 376, 1911; **153**, 383, 1911.)

Photolytische Zersetzung und Untersuchung von rauchlosem Pulver. (D. Berthelot u. H. Gaudechon, C. R. **154**, 201, 514, 1912.)

---

[1]) Obzwar dieses Thema nicht in den Rahmen dieses Buches paßt, ist es doch zu wichtig, als daß es hier ganz übergangen würde. Jedoch macht die folgende Zusammenstellung der chemischen und bakteriologischen Wirkungen der Quarzlampe durchaus keinen Anspruch auf Vollständigkeit.

Anwendung zum Nachweis der Reinheit chemischer Produkte. (O. Wolff, Chem. Ztg. **36**, 197, 1039, 1912.)

Anwendung zur Gasanalyse. (M. Landau, C. R. **155**, 403, 1912.)

Einfluß auf das Wachstum grüner Pflanzen. (L. Maquenne u. Demoussy, C. R. **149**, 756, 1909. J. Stoklasa u. Mitarbeiter, Zentralbl. f. Bakter. u. Parasitenk. **31**, 477, 1911.)

Was die bakterizide Wirkung des kurzwelligen Lichtes anbelangt, so sind die verschiedenen Mikroben dagegen sehr ungleich empfindlich. Cernovodeanu und Henri[1]) geben folgende vergleichende Aufstellung der Lebensdauer verschiedener Krankheitserreger unter dem Lichte einer Quarzlampe an:

Staphylococcus aureus (Eitererreger) . . . . 5—10 Sek.

Spirillum cholerae (Cholera) . . . . 10—15 ,,

Bact. coli (unschuldige Darmflora, aber gelegentlich Infektionserreger) . . . . 15—20 ,,

Bact. typhi (Typhus) . . . . 10—20 ,,

Bact. dysenteriae (Ruhr) . . . . 10—20 ,,

Pneumobacillus (Lungenentzündung) . . . . 20—30 ,,

Bac. subtilis (Heubacillus, unschuldig), bac. tetani (Starrkrampf), bact. megaterium (kein Krankheitserreger) . . . . 30—60 ,,

Auch ist die tötende Wirkung nicht auf Bakterien beschränkt, sondern erstreckt sich auf Krankheitserreger der Klasse der Protozoen[2]), Larven und Eier von Parasiten. Nach W. P. Chamberlain und E. B. Vedder werden auch Amoeben (u. zw. sowohl frei als eingekapselt) und Balantidium coli durch eine Quarzlampe gewöhnlich innerhalb 10 Sek., absolut sicher aber nach 40 Sek. vernichtet.

Nach Cernovodeanu und Henri (l. c.) fällt die bakterizide Wirkung der Quarzlampe rascher als mit dem Quadrat der Entfernung[3]). Die folgende Tabelle zeigt die Geschwindigkeit des Absterbens von B. coli unter dem Licht einer 110 Volt - 3,5 Amp.- und einer 220 Volt - 3,5 Amp.- Lampe der W. C. H. Co.

Tabelle XI.

Sterilisierende Wirkung einer Quarzlampe in verschiedenen Abständen, nach Cernovodeanu und Henri.

Entfernung in cm	10	20	40	60
Sterilisierungszeit in Sek., 110 Volt-Lampe	4	20	180	300
,, ,, ,, 220 Volt-Lampe	> 1	4	15	30

---

[1]) P. Cernovodeanu u. V. Henri, C. R. **150**, 52, 1910.

[2]) Hertel, Zeitschr. f. allg. Physiol. **4**, 1904; **5**, 1905; **6**, 1906. Biol. Centralbl. **27**, 510, 1907.

[3]) Wohl wegen der Absorption der kürzesten, d. i. wirksamsten Strahlung durch die Luft.

Dieselben Forscher fanden die bakterizide Wirkung der Quarz-lampe zwischen 0 und 55⁰ C gleich groß, sie stellten ferner fest, daß sie sich auch bei Abwesenheit von Sauerstoff vollzieht und im Falle der Sterilisierung von Wasser nicht der Bildung geringer Spuren von H_2O_2 zuzuschreiben ist.

VII. Quarzlampen für ultraviolettes Licht in der Praxis.

Quarz-lampe zur oberfläch-lichen Be-strahlung.

Für Laboratoriumsversuche und zur oberflächlichen Be-strahlung erkrankter Hautstellen zu Heilzwecken kann irgend eine der früher beschriebenen Quarz-lampen ohne Glasglocke verwendet werden. Der Brenner wird zweck-mäßig auf einem verstellbaren Ständer befestigt und von Hand gekippt. Das Austreten der Strah-len in nicht erwünschter Richtung verhindert man durch einen Metall-schirm, der z. B. innen weiß emailliert werden und gleichzeitig als Reflektor dienen kann. Ein Regulierwiderstand und eine Selbst-induktionsspule können entweder an dem Ständer oder an einer Wand montiert werden. Eine der-artige Vorrichtung ist die als „Quarzlampe nach Dr. Nagel-schmidt" bekannte Type der Q. L. G., welche neuerdings völlig umkonstruiert, unter dem Namen „künstliche Höhensonne" schnelle Verbreitung findet. Ähn-lichen Zwecken dient das in Abb. 40 dargestellte Stativ der C. H. E. Co.

Abb. 40.
Quarzlampengestell der C. H. E. Co.

Kromayer-sche Quarz-lampe.

Eine bedeutend größere Tiefer-wirkung auf erkranktes Gewebe wird mit der „Kromayer'schen Quarzlampe" der Q. L. G. erzielt. Diese bildet nicht nur einen vollkommenen Ersatz der Finsen-Apparate für Lupusbehand-lung, sondern kann auch für Oberflächenbestrahlung angewandt werden[1]). Die komplett zusammengebaut etwa faustgroße Lampe, Abb. 41, 42, besteht aus einem ∩-förmigen Leuchtrohr, an das sich rechtwinklig nach hinten die Sammelgefäße für die Quecksilberelektroden und die Schliffstellen anschließen. Die Lampe wird mit Wasser, das in einem Metallgehäuse zirkuliert, gekühlt. Damit aber das Wasser nicht die Leuchtröhre selbst berührt und durch die

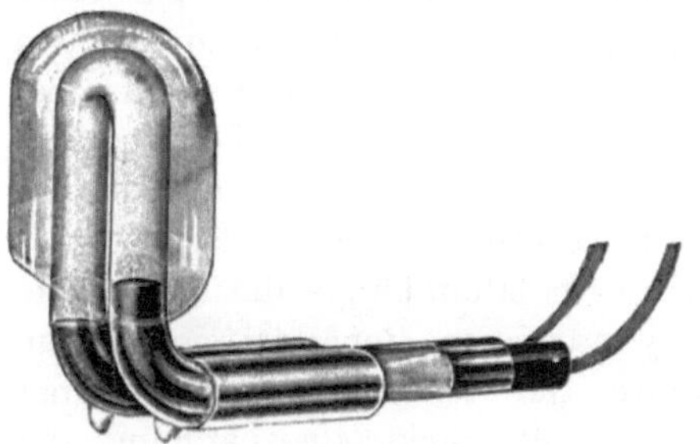

Abb. 41. Brenner der Kromayer'schen
Quarzlampe.
Etwa $^1/_4$ der natürlichen Größe.

Abb. 42. Außenansicht der Kromayer'schen Quarzlampe.
Etwa $^1/_5$ der natürlichen Größe.

Abkühlung die ultraviolette Strahlung schwächt, ist das Leuchtrohr von einem weiteren Quarzmantel umgeben. Vorn ist in dem Metallgehäuse ein rundes Quarzfenster von etwa 5 cm Öffnung eingesetzt. Für Kompressionsbehandlung wird die Quarzlampe mit ihrem Fenster direkt auf die Haut angepreßt. Das Fenster wirkt dabei wie die Finsensche Drucklinse komprimierend auf die Hautgefäße, wodurch das für ultraviolettes Licht undurchlässige Blut ferngehalten und gleichzeitig die bestrahlte Hautfläche gekühlt wird.

Durch Verwendung einer Extra-Drucklinse aus Quarz läßt sich auch mit der Bestrahlungslampe „künstliche Höhensonne" Tiefenwirkung, allerdings nur eine schwache, erzielen, weil die Linse bei zu großer Annäherung an die Lichtquelle sich unerträglich erhitzt.

Nachstehend einige technische Daten über die Kromayer'sche Lampe:

Netzspannung, Volt, Gleichstrom . . .	90—120	200—240
Normale Brennerspannung, Volt . . .	70	130
Stromstärke, Amp.	5	2,7
Innendurchmesser d. Leuchtröhre, mm	9	7
(Gestreckte) Länge „ „ „	70	90

---

[1]) Zusammenstellungen der älteren Literatur über Verwendung der Kromayerschen Quarzlampe findet man z. B. bei:
F. Kalmus, Therapeut. Rundschau, 1908,
E. Pinczower, Arch. f. phys. Med., 1909,
ferner in dem Flugblatt der Q. L. G. „Die Lichtbehandlung in der täglichen Praxis".

 Eines der größten praktischen Anwendungsgebiete eröffnet sich der Quarzlampe in der Sterilisierung von Trinkwasser.

Die Sterilisation von Wasser mittels ultravioletten Strahlen ist schon im Jahre 1895 von Chas. Lambert vorgeschlagen worden, jedoch hat es damals an einer praktisch brauchbaren Methode der Herstellung kurzwelligen und genügend intensiven Lichtes gefehlt. Eine solche ist erst in der Quarzlampe gefunden worden. Im Jahre 1906 nahm de Mare ein belgisches Patent auf einen Sterilisierapparat, in welchem Wasser in einer Schlange aus Quarzglas an einer Quarzlampe vorüber geleitet wurde. Drei Jahre später haben Courmont und Nogier[1]) der Pariser Akademie der Wissenschaften eine Notiz überreicht, aus welcher bereits die praktische Verwendbarkeit des Prinzips klar hervortritt. Sie verwendeten u. a. eine Quarzlampe von etwa 30 cm Länge, die in der Mitte eines mit Wasser ganz gefüllten zylindrischen Behälters von 60 cm Durchmesser und 115 l Inhalt brannte. Sie stellten fest, daß bei einer Stromstärke von 9 Amp. und 135 Volt Elektrodenspannung der Lampe selbst bei sehr verunreinigtem Wasser alle Bakterien in 1 bis 2 Minuten getötet waren, wenn nur das Wasser durchsichtig war.

Eingehende wissenschaftliche Untersuchungen von Henri, v. Recklinghausen und Mitarbeitern folgten darauf und lenkten die Aufmerksamkeit weiter Kreise auf diesen Gegenstand. Die ersten Experimente in größerem Maßstab wurden an einer in der Sorbonne in Paris errichteten Versuchsanlage durchgeführt[2]). Das Wasser wurde aus einem Reservoir, in dem ihm eine Emulsion von Bacillus coli beigemischt wurde, gepumpt, passierte einen Wassermesser und wurde dann durch einen gemauerten Kanal im Zickzackwege an den Lampen vorüber geleitet. Der Kanal hatte eine Breite von 25 cm und eine Tiefe von 30 cm, die Quarzlampen, von der in Abb. 16 dargestellten 220 Volt-Type und vier an der Zahl, waren hintereinander, in Abständen von etwa 125 cm, schwimmend in 2 cm Höhe über dem Wasser angebracht. Die Wassermenge konnte zwischen 4 und 100 cbm pro Stunde variiert werden. Es zeigte sich, daß die größte sterilisierende Wirkung von der ersten Lampe ausgeht, wie aus dem folgenden Beispiel hervorgeht: Bei einem Versuch floß das Wasser mit 36 cbm pro St. durch den Kanal; vor der ersten Lampe wurden 5250 Mikroben per ccm gezählt, hinter der ersten Lampe 3650 und hinter der zweiten Lampe 0. Da die Lampen je 660 Watt erforderten, entspräche das einem Verbrauch von 36,7 Stunden-Watt pro cbm Wasser.

In der Praxis stehen einander zwei Prinzipien gegenüber, nämlich das von Courmont-Nogier, bei dem der Quarzbrenner direkt von der Flüssig-

---

[1]) J. Courmont u. Th. Nogier, C. R. **148**, 523, 1909.

[2]) V. Henri, A. Helbronner u. M. v. Recklinghausen, C. R. **150**, 932, 1910.

keit umspült wird, und jenes von **Henri-Helbronner-Reckling-hausen**, bei dem die Quarzlampe außerhalb der Flüssigkeit liegt. Für das erstere Prinzip spricht der Umstand, das alles Licht ausgenützt wird und daß namentlich die Strahlen kürzester Wellenlänge, die die stärkste bakterizide Wirkung haben, keine absorbierende Luftschicht passieren müssen. Auch behaupten **Courmont** und **Nogier**, daß die Quarzlampen die Intensität ihrer ultravioletten Strahlung während längerer Brenndauer nur dann ungeschwächt behalten, wenn sie nicht bei zu hohen Temperaturen betrieben werden. Dagegen ist bei diesem System der bedeutende Rückgang in dem Wirkungsgrad der ultravioletten Strahlung, welcher durch die oben angeführten Untersuchungen **Küch's, Henri's, Buisson** u. **Fabry's** klar bewiesen ist, ein schwerwiegender Nachteil.

Der Entwurf des Wasserleitapparates bietet dem Konstrukteur ein weites Feld. Prinzipiell wichtig ist, das durchfließende Wasser mittels Verengungen oder durch Querwände in dem Leitkanal durchzurühren, damit es gleichmäßig durchleuchtet wird. Außerdem soll die Lampe so angeordnet sein, daß das Wasser ohne Schatten und möglichst mit Ausnützung allen Lichtes beaufschlagt wird.

Verunreinigungen oder eine Färbung des Wassers beeinträchtigen den Sterilisierungsprozeß ungemein, weswegen, insbesonders bei großen Anlagen, Vorfilter vorgesehen werden sollen. Je weniger durchsichtig die Flüssigkeit ist, in um so dünneren Schichten muß sie belichtet werden, ein Umstand, der die Sterilisierung von Milch mittels Quarzlampen sehr schwierig macht. Für den Fall des Erlöschens der Lampe werden bei kleineren Apparaten in der Regel von einem Hauptstromsolenoid betätigte Absperrventile und bei größeren Anlagen elektrische Fernmelder angewendet.

Ein Wasser-Sterilisierapparat für kleine Leistungen ist der in Fig. 43 abgebildete und als „Type B_2" von der W. C. H. Co. auf den Markt gebrachte. Er besteht aus einem zweiteiligen Gehäuse aus weiß emailliertem Eisenblech, dessen unterer Teil für das Wasser und der Oberteil zur Aufnahme der Lampe dient. Der Brenner ist von der normalen 110 V.—3,5 Amp. W. C. H.-Type und wird mittels des Hebels *h* und einer Kette von Hand gekippt. Das Rohwasser tritt durch einen Regulierhahn bei *g* ein und wird durch zwei trichterförmige Scheidewände *e, f* gezwungen, im Sinne der eingezeichneten Pfeile zu zirkulieren, um sich während der Durchleuchtung gehörig zu mischen; es fließt durch das mittlere Rohr sterilisiert ab.

Um der Lampe Zeit zu lassen, die normale Temperatur, d. h. Sterilisierfähigkeit, zu erlangen, muß man nach Zündung der kalten Lampe etwa 5 Minuten abwarten, bevor man Wasser entnimmt.

Der Apparat eignet sich für Hotels, Spitäler usw., seine Höchstleistung wird mit 600 l/St. angegeben[1]).

Für die Sterilisierung von Wasser in größeren Mengen, wie z. B. für Wasserversorgung von Städten haben Henri, Helbronner und v. Recklinghausen[2]) einen größeren Apparat entworfen, der aus den meisten einschlägigen Aufsätzen bekannt sein dürfte. Die Lampe von der normalen 220 V.-3,5 Amp.-Type der W.C.H.Co. ist axial in einem halbzylindrischen Bronzegehäuse befestigt und gegen Berührung von Wasser durch eine Kammer geschützt, welche aus drei durchsichtigen Quarzplatten gebildet und oben durch einen Metalldeckel geschlossen ist. Das Lampengehäuse ist koaxial an einem fast halbzylindrischen Wasserleitapparat aufgesetzt, in den das Wasser an der Mantelfläche eintritt. Radiale Querwände in dem Leitapparat besorgen ein Durchmischen des Wassers. Zwischen dem Vorfilter, das die suspendierten Verunreinigungen zurückhält, und dem Belichtungsapparat ist ein Sicherheitsventil eingebaut, das, wenn die Lampe während des Betriebes erlischt, den Abzugskanal selbsttätig öffnet.

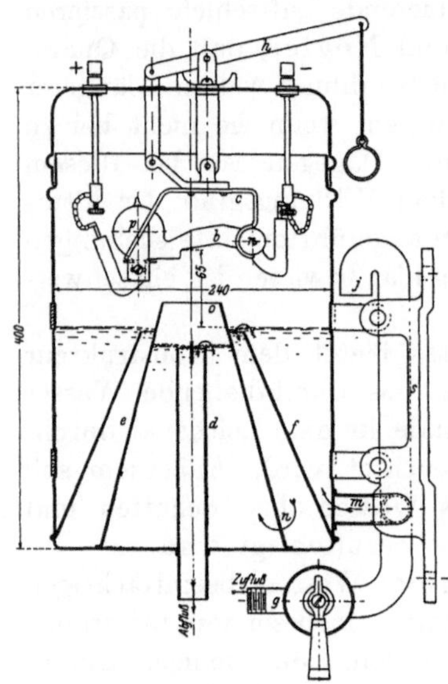

Abb. 43. Wassersterilisierapparat Type „B_2“ der W. C. H. Co. Maßstab 1 : 8.

Es sind eingehende Untersuchungen, die mit dem Apparat im Wettbewerb mit anderen Sterilisiervorrichtungen in der Stadt Marseille im Monat Juli 1910 unternommen wurden[3]), veröffentlicht. Dem Berichte darüber entnehmen wir die folgenden durchschnittlichen Resultate:

Anzahl Bakterien per ccm	im Rohwasser	im belichteten Wasser
Maximal	16,500	10
Minimal	500	6
Durchschnitt aus 31 Tagen	5,098	7,68

Unter den Bakterienkolonien waren keine b. coli.

---

[1]) Ein noch kleinerer Apparat für Haushalte, in welchem eine ⊓-förmige 2 Amp.-110 Volt-Lampe verwendet wird und der 100 l Wasser pro Stunde sterilisiert, abgebildet bei M. v. Recklinghausen, El. W. **62,** 181, 1913.

[2]) V. Henri, A. Helbronner u. M. v. Recklinghausen, C. R. **151,** 677, 1910.

[3]) W. Clemence, Engineering **91,** 139, 1911.

Nach Angaben der Firma ist die Maximalleistung des Apparates 600 cbm in 24 Stunden bei einem Wattverbrauch von 220 V $\times$ 3 Amp., was einem Bedarf von 26,4 Wattstunden per cbm sterilisierten Wassers entsprechen würde.

Um die Leistung ihrer Apparate noch weiter zu erhöhen, haben Henri, Helbronner u. v. Recklinghausen einen besonderen

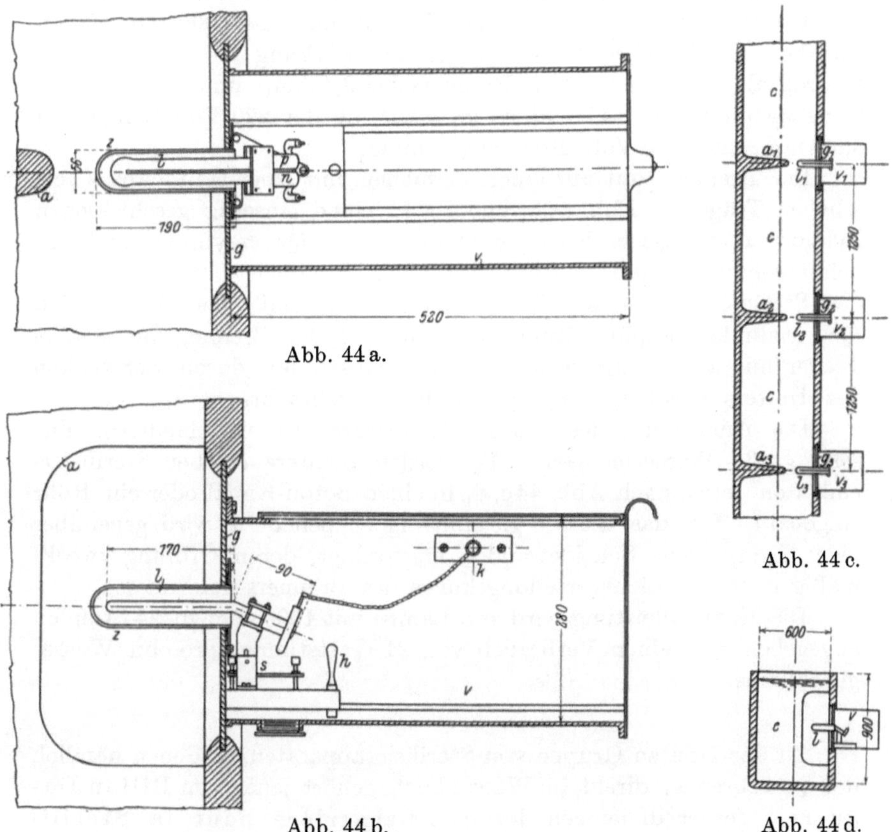

Abb. 44a.

Abb. 44c.

Abb. 44b.

Abb. 44d.

Wasser-Sterilisierapparat „Type D" der W. C. H. Co.
Abb. 44a, b Maßstab 1:10. Abb. 44c, d Maßstab 1:60.

Brenner mit sehr langer Lichtsäule konstruiert[1]). Das Leuchtrohr desselben (l in Abb. 44a, b) ist $\sqsubset$-förmig gebogen und die Polgefäße in die Verlängerung des Leuchtrohres nebeneinander gesetzt, so daß sie sehr wenig Schatten werfen. Die übrige Konstruktion des Brenners be-

---

[1]) V. Henri, A. Helbronner und M. v. Recklinghausen, C. R. **155**, 852, 1912.

ruht auf den früher gegebenen Prinzipien, mit einem Konus an der Kathode und kupfernen Kühlrippen an den Polgefäßen. Die Wand an der scharfen Biegung des Leuchtrohres ist stark verdickt, um der durch die Ablenkung des Bogens verstärkten Erhitzung dieser Stelle zu widerstehen. Die lichte Weite des Leuchtrohres ist 14 mm und die Länge jedes Schenkels 170 mm. Die erforderliche Netzspannung ist 500 Volt Gleichstrom, die Elektrodenspannung 375 Volt, die Stromstärke 3 Amp., die Lichtintensität senkrecht zur Leuchtrohrachse 8000 HK. Nach Angaben der Urheber ist die bakterizide Wirkung im Mittel 55 mal so groß als die eines 110 Volt-Brenners bei 3,4 Amp. und 75 Volt Elektrodenspannung und 11 mal so groß als die der 220 Volt-Lampe bei 3,5 Amp. und 156 Volt Brennerspannung.

Der Brenner ruht auf einem einfachen, mit einer Handhabe h versehenen Träger s, Abb. 44 b, und ist in einen einseitig geschlossenen Zylinder z aus Quarzglas eingeschoben. Der Quarzzylinder und das Schutzgehäuse v sind an einer vertikalen Metallplatte, die eine Wand des Sterilisierapparates bildet, befestigt, so daß das Wasser den Quarzzylinder bespült. Zum Anlassen wird der Brenner mit seinem Träger aus z herausgezogen und die Elektroden durch Schwenken des Halters vorübergehend in Berührung gebracht.

Die Anordnung des Wasserleitapparates ist verschieden[1]). Für sehr große Wassermengen z. B. werden mehrere solcher Sterilisiereinheiten, etwa nach Abb. 44 c, d, in einen Beton-Kanal oder ein Rohr eingebaut. Um das Wasser gleichmäßig zu belichten, wird gegenüber jeder Lampe eine Scheidewand a angeordnet, deren Öffnung zweckmäßig nach der Lichtverteilungskurve des Brenners geformt ist.

Die Maximalleistung wird pro Lampe mit 1500 cbm in 24 Stunden angegeben, was einem Verbrauch von 24 Wattstunden pro cbm Wasser gleichkäme.

Zu der zweiten Gruppe von Sterilisierapparaten, in denen nämlich der Quarzbrenner direkt im Wasser liegt, gehört jener von Billon Daguerre, ferner diejenigen der Soc. Lacarrière pour la Stérilisation des Eaux, welche von Triquet konstruierte Sterilisatoren nach den Patenten von Nogier baut.

Sterilisierapparate von Nogier-Triquet. Die verschiedenen Typen der Nogier-Triquet-Apparate unterscheiden sich nur durch die Wasserleitvorrichtung und die Anzahl der Lampen, die Brenner sind bei allen die gleichen. Die Lampe, Abb. 45, hat eine Leuchtröhre von etwa 25 cm Länge und 11 mm Innendurchmesser. Die Elektroden haben Invarstifte der üblichen Art, die Zu-

---

[1]) Ein Apparat mit einem solchen Brenner ist in C. R. **155**, 852, 1912 ein anderer in El. W. **62**, 181, 1913 abgebildet.

leitdrähte sind durch überschobene Gummischläuche gegen das Wasser geschützt. Der Brenner liegt fast wagerecht in einem Rahmen, der an einem Ende durch einen Zapfen, an dem anderen in einem runden Verschluß des Wasserleitapparates so gelagert ist, daß er mittels eines Außenhebels samt dem Rahmen gedreht werden kann, um die Kontaktzündung zu bewirken. Die Lampe braucht (im Wasser) 6,5 Amp. bei einer Elektrodenspannung von 35 Volt.

Als Beispiel eines kleineren Triquet-Nogier-Apparates, der 100 bis 750 l pro Stunde sterilisiert, möge der in Abb. 46 veranschaulichte (der Type „M_5") dienen. Das Wasser tritt bei a in einen vernickelten Bronce-Zylinder c ein, strömt an der axial liegenden Lampe entlang und fließt bei b ab. Die Tafel, auf welcher c befestigt ist, trägt auch einen Ausschalter, eine Sicherung und die Anschlußklemmen. Vor

Abb. 45. Sterilisierlampe mit Rahmen und Verschlußstück der S. L. St. E.

dem Wassereintritt liegt ein Ventil, das von einem Hauptstromsolenoid d, betätigt ist und absperrt, wenn die Lampe stromlos wird.

Für Städteanlagen werden mehrere Brenner in einen Wasserleiter so eingebaut, daß sie das Wasser nacheinander passiert, so z. B. nach Art der Abb. 47 a (Type „I_2"), welche Vorrichtung nach Angaben der Firma 3 bis 5 cbm steriles Wasser pro Stunde liefert. Der Apparat besteht aus drei gleichen zylindrischen Stutzen f_1, f_2, f_3 aus vernickelter Bronce, die durch Flanschen verbunden sind und lotrecht auf einem Dreifuß ruhen. Jeder Stutzen hat quer zu seiner Achse eine im Kipprahmen montierte Lampe der oben beschriebenen Art. Natürlich kann die Leistung noch durch Hinzufügen von 1 bis 2 Stutzen erhöht werden.

Um auch ein Beispiel einer vollständigen Anlage solcher Art zu geben, sei der Schaltplan Abb. 47 b hierher gesetzt. Die drei Brenner sind parallel an das Gleichstromnetz angeschlossen. Die Vorschaltwiderstände w_1, w_2, w_3, die Schalter mit Sicherungen, sowie die elektrischen Signalapparate werden in der Regel auf einem gemeinsamen Schaltbrett angebracht. Zum Anzeigen einer Stromunterbrechung dienen gewöhnlich Glühlampen, eine, a_4, für die gemeinsame Linie und je eine a_1, a_2, a_3, für jeden Brenner. Außerdem ist eine Klingel b, vorgesehen, welche von den Schaltern d_1, d_2, d_3 durch Hauptstromsolenoide c_1, c_2, c_3 in Tätigkeit gesetzt wird, sobald irgendein Brenner erlischt.

Nach Berthelot[1]) haben Versuche mit Nogier-Triquet-Sterilisatoren bei der Wasserversorgung der Stadt Choisy-le-Roi einen durchschnittlichen Verbrauch von 50 bis 60 Wattstunden pro cbm ergeben.

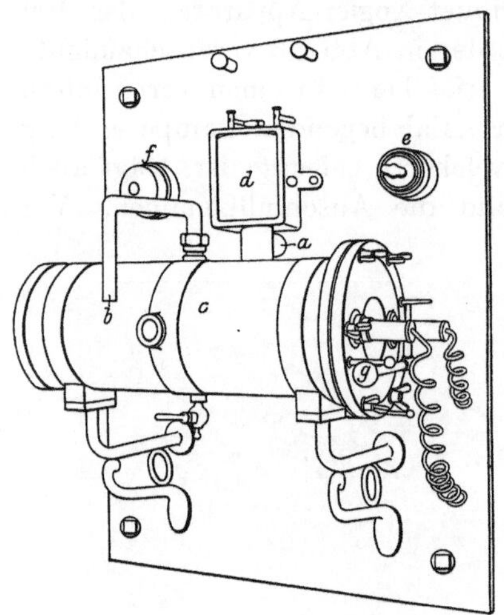

Abb. 46. Sterilisierapparat „Type M_5" der S. L. St. E. Maßstab etwa 1:10.

Vielleicht ist diese Zahl, verglichen mit anderen Apparaten, deshalb so hoch, weil bei den üblichen Netzspannungen und der niedrigen Lampenspannung der größere Teil der Energie in den Vorschaltwiderständen zu vernichten ist. In dieser Hinsicht würde eine Reihenschaltung der Lampe vorteilhafter scheinen.

Ein besonderer Vorteil des Nogier-Triquet-Systems wird von verschiedener Seite darin erblickt, daß die Lampen bei niedriger Temperatur arbeiten und deswegen nicht mit der Zeit an Sterilisationskraft verlieren. Das „Altern" der Quarzlampen, d. h. die allmähliche Abnahme der ultravioletten Strahlung während der Betriebsdauer, ist aber eine noch umstrittene Frage. Während Bordier, Courmont und Nogier erklären, daß die Quarzlampe, wenn sie bei hohen Temperaturen funktioniert, im Laufe der Zeit sehr an Intensität des kurzwelligen Lichtes verliert, gibt Henri an, daß eine solche Abnahme nicht zu konstatieren sei. Es ist aber möglich, daß das Altern von dem Vakuum und der Reinheit des Quecksilbers abhängt und somit den Lampen individuell ist; denn wenn andere Metalle in Spuren anwesend sind oder das Vakuum nicht gut ist, so bildet sich mit der Zeit an dem Leuchtrohr ein je nach der Fremdsubstanz verschieden gefärbter Niederschlag, der selbst beim Erhitzen nicht ganz verschwindet und der besonders für kurzwelliges Licht stark absorbierend wirkt.

Bordier[2]) hat an Quarzlampen, die bei Rotglut des Leuchtrohres benutzt wurden, ein starkes Altern, in einem Falle sogar innerhalb

[1]) D. Berthelot, L'Industrie El. **21**, 202, 1912.
[2]) H. Bordier, Archive d'Electricité Médicale **285**, 396, 1910.

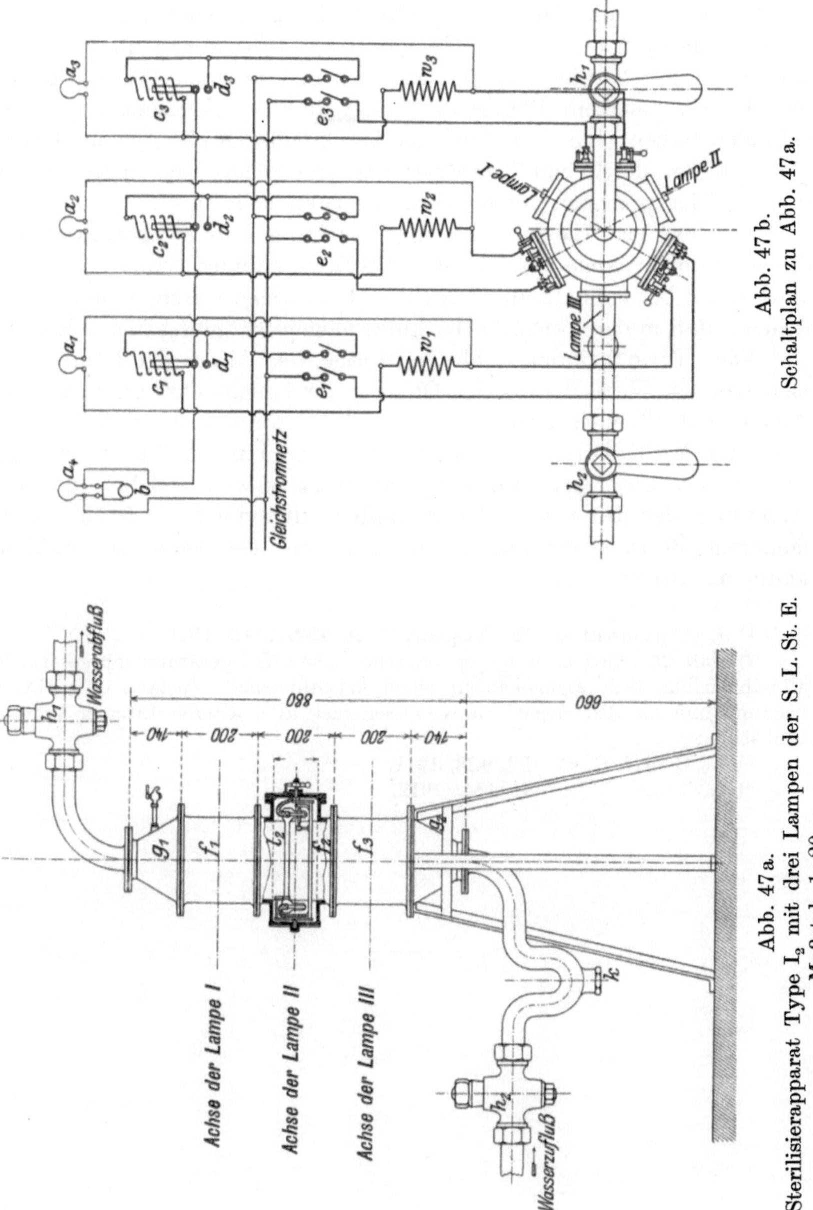

Abb. 47 b.
Schaltplan zu Abb. 47 a.

Abb. 47 a.
Sterilisierapparat Type I_2 mit drei Lampen der S. L. St. E.
Maßstab 1 : 20.

500 Brennstunden ein Sinken der Intensität der ultravioletten Strahlung auf $^1/_7$ der ursprünglichen gefunden.

Courmont und Nogier[1]) berichten sehr entschieden über das Altern der Quarzlampen unter hohen Temperaturen. Sie wollen die Abnahme der aktinischen Strahlen sowohl auf spektroskopischem Wege, als auch mittels sensibiliertem Papier und auch durch biologische Wirkungen gefunden haben. Sie schreiben das Altern einer Änderung des Quarzglases infolge der hohen Temperatur zu und folgern, daß man Lampen in Sterilisierapparaten nicht stark forcieren solle.[2]).

Dagegen hat Henri[3]) bei Untersuchung von 6 Quarzbrennern, die verschieden lange (von 0 bis 7000 Brennstunden, einer davon drei Jahre) und bei hohen Dampfdrücken im Betriebe waren, keinen merklichen Abfall in der Aktinität der kurzwelligen Strahlung finden können.

Nach Tian[4]) findet wohl eine stetige, das Altern der Lampe nach sich ziehende Veränderung des Quarzes der Leuchtröhre statt, aber die Abnahme der Lichtintensität bezieht sich hauptsächlich auf die Strahlen kürzester Wellenlänge (die schon durch eine Luftschicht von wenigen Zentimetern absorbiert werden), und so ist es wohl möglich, daß eine Änderung der Intensität der gesamten ultravioletten Strahlung bei längerem Betrieb der Lampe unter hohen Temperaturen praktisch kaum nachweisbar ist.

---

[1]) J. Courmont u. Ch. Nogier, C. R. **152**, 1746, 1911.

[2]) Daß das Quarz, wenn es dauernd hohen Temperaturen ausgesetzt ist, allmählich aus dem amorphen in einen kristallinischen Zustand übergeht, ist bekannt und an den negativen Konussen fast aller älteren Brenner leicht zu beobachten.

[3]) V. Henri, C. R. **153**, 428, 1911.

[4]) A. Tian, C. R. **155**, 144. 1912.